U0602566

调控坏情绪
定格好心情

改变人生命运的心理自助书

亦 辛◎著

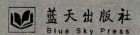

蓝天出版社
Blue Sky Press

图书在版编目(CIP)数据

调控坏情绪, 定格好心情 / 亦辛著. — 北京: 蓝天出版社, 2010.9

ISBN 978-7-5094-0459-1

Ⅰ.①调… Ⅱ.①亦… Ⅲ.①情绪–自我控制–青年读物 Ⅳ.①B842.6–49

中国版本图书馆CIP数据核字(2010)第182227号

选题策划: 于凯锋
责任编辑: 云　起　孔庆春

调控坏情绪，定格好心情

出版发行: 蓝天出版社
社　　址: 北京市复兴路14号
邮　　编: 100843
电　　话: 66983784(编辑)　010-66983715(发行)
经　　销: 全国新华书店
印　　刷: 北京华戈印务有限公司印刷
开　　本: 16开(710×1000毫米)
字　　数: 360千字
印　　张: 21
印　　数: 1-6000
版　　次: 2010年9月第1版
印　　次: 2010年10月北京第1次印刷
定　　价: 35.00元

(本书如有印装质量问题，请与我社发行部联系退换)

版权所有　侵犯必究

前　言

　　情绪是个体对外界事物的态度、体验，以及相应的行为反应，它有积极和消极之分。积极的情绪能够推动人的身心向上、向上、再向上，它有利于学习和工作效率的提高，能够帮助我们获取成功。

　　而消极情绪包括忧愁、悲伤、紧张、焦虑、痛苦、恐惧等，会为我们带来一连串的负面影响，甚至将我们拖下万丈深渊。消极情绪会使我们反应迟钝、精神疲惫、进取心丧失，会夺走我们的控制能力和判断能力，让我们的意识范围变窄、正常行为瓦解，具有极大的危害。然而漫漫人生旅途中往往是荆棘丛生、沼泽满地，因此，磕磕碰碰、跌跌撞撞是在所难免的。在这种情况下，一旦忧愁、悲伤、紧张、焦虑、痛苦、恐惧等负面情绪大举来袭，该如何应对？应对得法，则你可以成为自己情绪的主人，从而不至于让这些负面情绪影响你的行为和生活状态。反之，如果应对不得法，一不小心让负面情绪取得了统治权，那么，你的自信、乐观、豁达、沉稳也将不复存在，取而代之的将是自卑、胆怯、紧张、浮躁等消极情绪。如果你尚未意识到负面情绪对一个人究竟有多大的影响，那就请看下面这个故事：

　　夏朝时，有一个叫后羿的名射手，他不但百发百中，而且立射、跪射、骑射等样样精通，几乎从来没有失过手。人们都称他为"神箭手"。

　　后来，夏王偶然间听说了后羿的本领，就把后羿召入宫中，要他表演他那炉火纯青的射技。夏王命人把后羿带到御花园的一个空地上，指着百步之外的一块一尺见方、靶心直径大约一寸的兽皮箭靶，说："如果你能射中靶心，我就赏赐给你黄金万镒；如果射不中，就削减你一千户的封地。"

　　后羿听了夏王的话，心潮起伏，难以平静，心想着："可千万要射中，

前
言

射中了就富贵，射不中就倾家荡产。"后羿拖着沉重的脚步站到合适的位置，取出一支箭搭上弓弦，摆好姿势拉开弓开始瞄准。然而，不知什么缘故，平素不在话下的靶心，现在变得格外遥远。他深吸一口气，又提醒自己一遍"只许成功不许失败"，谁知心里越来越浮躁，呼吸也变得越来越急促。

最后，他还是松开了弦，箭刷的一声飞了出去，却离靶心还有几分远。后羿也只得悻悻地离开了皇宫。

因为紧张的情绪，从未失过手的后羿失手了。后羿的这种紧张情绪就是负面情绪的一种，这种负面情绪严重到阻碍了他的成功。虽然这仅仅是一方面，但是从中足以看出负面情绪给一个人的成败带来的巨大影响。当然，负面情绪不仅仅影响人的成败，最为关键的是，它会让人的生活变得不轻松。一个人可以不成功，可以不辉煌，可以是清贫的、平凡的，但是他的心灵却不可以是贫瘠的。

坏情绪的可怕就在于它会掠夺走一个人心灵的财富，使人的内心变得沉寂、忧郁、冷漠、畏缩……如此一来，人们的眼中便看不到阳光，人们的心中便找不到那种久违的闲适和祥和。因此，我们要时刻审视自己，一旦发现自己有消极情绪的苗头，就要及时将其消除，以积极的情绪来激励自己，从而使自身强大的精神力量能够充分地发挥出来。

最后，想对大家说的是：人生路上的风景也许总是山重水复，却不见柳暗花明；前行的旅程也许总是步履蹒跚、举步维艰；我们也许需要在黑暗中摸索很长时间才能找寻到光明；虔诚的信念也许会被世俗的尘雾所缠绕……这诸多的不如意，都可能导致我们情绪的起伏不定，这是极为正常的事情，但是如果我们任由自己陷在消极情绪中，那就危险了。长此以往，不好的情绪会变成阻碍我们人生航程的桎梏，变成堵塞心情畅通的郁结。

是选择被坏情绪所控制，还是选择控制你的坏情绪、定格你的好心情，相信大家自有公断。

亦辛

2010年9月

目 录

第二章 怎样摆脱坏情绪的纠缠

第三章 ｜ 寻求改变，与坏情绪做斗争

目
录

第四章 | **让积极的因素成为助推力**

第五章 | **把充实健康心灵的蜡烛点亮**

☺ 第六章 ｜ **自己的情绪自己掌握，自己的命运自己主宰**

目

录

第一章

哪些坏情绪左右了你

在生活中，我们经常会遇到种种不如意，有的人会因此大动肝火，结果把事情搞得越来越糟。在现代快节奏的生活重压下，很多时候大多数人都会被自己的情绪所左右，只是可能表现的程度和状态有所差别而已。现在就来看看你是不是已经被这些消极的情绪所掌控，并且开始作茧自缚了？

是什么让快乐远离了你

你是不是一次又一次地问过自己这样的问题："我快乐吗？"是的，你快乐吗？这个问题真的很难回答。不过你是否想过，在你问这个问题的时候，快乐这种东西其实已经离开你很久了呢？真正快乐的人并不会产生这样的疑问。

心理学家讲过这样一个故事：

有个人特别羡慕别人骑马，非常渴望有匹自己的马。在他看来，骑马是那么潇洒，那么威风，而用脚走路真是太麻烦，太没有意思了。

有人告诉他，如果想得到马，必须用双脚来换。那人听了之后，立刻毫不犹豫地献出了自己的双脚。于是他得到了一匹马。

骑上马真是太令人兴奋了。正如他所想象的那样，马在草原奔驰，仿佛在天空中飞翔。这种感觉让他沉醉，他庆幸自己的选择。

但是，人不可能总生活在马上，骑了一阵子后，他开始有些疲倦，渐渐变得兴趣索然了。于是，他想下马，可是没有了脚，他站都站不稳，一切都需要人帮助，到这个时候，他才发现自己所面临的是一种什么样的困境。

这种交易的愚蠢看起来一目了然，道理也十分简单，但生活中却仍有不少人执迷不悟，用人生去换取一时的刺激和浪漫，用健康去同金钱交易，用人格良心去换取权势……大多数人以为通过各种交易可以达到自己的目的，以为目的的实现必定会给自己带来快乐。然而，结果往往是事情到了最后却发现，自己在交易的同时把快乐也一并赔了进去。

　　除此之外，还有一个很重要的原因使我们失去快乐。我们期望融入社会为我们所设定的角色里，当我们没有达到这个期望时，就会觉得失望。人生是一个不算长也不算短的过程，大多数人在这个过程当中被分在几个不同的类别之中，去承担更多的角色和头衔。当我们逐渐认同自己在人生过程中所扮演的角色时，极可能会逐渐与真实的自我脱节。我们可能会认同自己是父母、是老师、是律师和销售员的角色，而忘了我们同时也是懂得关心、富有同情心、具有创造力和与众不同的个人。复杂的社会生活使我们认识到什么是适当的、应该的，于是我们配合别人的想法来取悦别人，甚至修正自己的行为。这种顺应的行为从很小的时候就开始了，一直到我们长大成人，而这也恰恰成了我们得不到真正快乐的根源！

　　有很多在别人眼里看来的成功人士就是如此。

　　罗尔是一位功成名就、金钱满屋、受大家喜爱的律师，然而他当了十年的律师才了解到自己并不喜欢当律师。他以前并不了解自己为什么会觉得那么空虚。到了40岁，他发现自己必须追求成为音乐家的梦想，否则永远都不会快乐。在领悟到这一点之前，他只是做他认为别人期待他去做的事。

　　50岁的葛萝莉亚也有类似的经验。年过半百以后她才明白自己深深陷入了社会为女性所定义的角色里。她按照社会的约定俗成结了婚，养育一个家庭，料理家务，在孩子长大成人之前，她从未考虑过要培养嗜好或事业兴趣，因此她从来都不觉得快乐。

　　大部分的人在某种层面上都知道自己是什么样的人、想做什么，但是我们又并不是真正完全了解自己是怎样的，自己究竟要什么。这让我们很痛苦，甚至失去自我。所以很多时候我们只做别人期待我们做的事，这样就没有人会伤心，也没有人会生气，而我们也不需要冒险，不会失去任何人的爱——大多数的人都认为如此。可是这时候我们却恰恰忘了将自己估算在内，我们忘了真诚待己，这就会对自己的身心造成巨大的伤害。这时我们就会认为，受到伤害的人只有我们自己，即使不快乐也只是我们自己的事。而这样做的后果很可能是我们将自己的内在痛苦外化，使得我们对别人不再友好，这使得我们既伤害自己，又伤害我们关心的人。

 情绪驿站
QINGXUYIZHAN

人们需要快乐，就像需要衣服一样，快乐是生活的必需品。梭罗说："能处处寻求快乐的人才是最富有的人。"是的，世上最宝贵的财富不是取之不尽用之不竭的金钱，而是源源不断的快乐。

那么，你想过没有，到底是什么让快乐远离了可爱的你呢？

生活的重担、忙碌的生活、麻木的情感、疲于奔命、黯然神伤、自暴自弃，究竟是什么剥夺了你的快乐？

你是否曾经这样想过："我想做那件事、成为那样的人，但是我不是那种人。"其实，"那种人"的概念都是由我们自己来界定的。我们在自己身上贴了标志，比如"我的个性不够活泼"、"我不是很聪明"或"我的人缘不好"等等。因为我们认为这些想法是正确的，所以我们常常因此而不快乐，而且也没有试图要去改变过它。

我们不快乐的原因有很多种，让自己不快乐的原因具体到每个人的身上也会有一定的差异，但这种差异也许只是细微的。真正左右我们情绪的可能是我们自己心里那个对自己不切实际的奢望，我们所要做的就是将各种让自己不快乐的原因找出来，然后各个击破。

被情感的香蕉所捕获

作为有感知有思想的人类，我们不只容易被自己冲动的情绪所控制，造成情绪的失控，我们同时还被各种各样的意念所左右，落入思想的圈套。

在亚洲的一些偏远地区，为捕捉到猴子，猎人在丛林的地面上绑上一个小柳条笼子。笼子的口很小，仅仅允许猴子空着手伸进去并抽出来。

猎人在笼子里放上一两根香蕉，当猴子看见时，就会把手伸进去取香蕉，但是，当它手上拿着香蕉时，手就抽不出来了。

于是，猴子就很容易被猎人捕获。

人没有什么不同——人们紧紧地抓住其情感的香蕉，不肯松手，感到失去了它们就会有威胁。

常见的情感香蕉包括：对身份地位的渴望，需要得到他人的爱和尊重，控制欲的需要，对得到承认的渴望，对不舒适的逃避等。

举个例子说明。

1965年9月7日，世界台球冠军争夺赛在美国纽约举行。刘易斯·福克斯以绝对优势将其他选手甩到身后。决赛时也非常顺利，已经胜利在望了，只要再得几分他便可以稳拿冠军了。可是，就在这时，突然出现了一个小状况，他发现有一只苍蝇落在主球上，于是他赶忙挥手将苍蝇赶走了。可是，当他再次俯身准备击球的时候，那只苍蝇又落到了主球上，于是他在观众的笑声中又一次起身去驱赶苍蝇。这个时候，刘易斯·福克斯的情绪发生了一些变化，他开始因这只讨厌的苍蝇不断落到主球上而生气。更生气的是，那只苍蝇仿佛是有意要与他作对，只要他一回到球台准备击球，那只苍蝇就会重新落到主球上来，这也使得现场的观众哈哈大笑。这时，刘易斯·福克斯的情绪恶劣到了极点，他终于失去理智，难以抑制的愤怒使得他突然用球杆去击打苍蝇，结果球杆触动了主球，裁判判他击球，他也因此失去了一轮机会。与这次机会失之交臂后，刘易斯·福克斯一下子方寸大乱，在后来的比赛中连连失利，而他的对手约翰·迪瑞却越战越勇，迅速赶了上来并将其超越，最终赢了这场比赛。第二天早上，人们在河里发现了刘易斯·福克斯的尸体，他投河自杀了！

一名所向无敌的世界冠军居然被一只小小的苍蝇打败了！这显然有些不可思议。其实，在很多人看来，刘易斯·福克斯当时完全没有必要去管那只苍蝇的事情，随它去好了。专心击你的球，当主球飞速奔向既定目标时，还用担心那只苍蝇站在主球上吗？可想而知，它必定会不撵自飞的。

一个在台球方面具备如此造诣的选手应该明白，一只苍蝇落到主球上几乎不会影响击球，但是就是因为一时的冲动，他输掉了比赛。这显然是得不偿失的。一时的情绪失控换来的是悔恨一生。其实这还不是关键，这次失败了，下次还可以再来，情绪失控了一次，下次就应该控制。然而，这位世界冠军却没有做到这一点。在因一次不理智的行为造成严重后果后，他不是去考虑如何控制自己的情绪，而是再一次以一种更加不理智的行为来把悲剧上演——自杀。

这位世界冠军之所以会有这样的悲剧，原因很简单，他抓着自己的情感香蕉不放，进而被它完全左右了。

我们所攫取的"香蕉"越少，被劫持的可能性就越小。当我们告诉自己，我必须拥有某种东西时，就失去了对它的情感控制力。

当我们告诉自己：是的，你给我这些，我愿意收下，但是我并非必须拥有它，这样，我们就重新获得了对"香蕉"的控制力。解决冲突就这么简单。退后一步，先向对方认错，缓解了交往中的紧张气氛，协调了双方的情感，因而有了成功的沟通。

卡耐基因此说："你如果先承认自己也许弄错了，别人才可能和你一样宽容大度，认为他有错。"这就像拳头出击一样，只有将拳头缩回来再打出去才有力度。

如果我们抓着某个事物牢牢不放，我们就很容易被它所控制，而最容易控制我们行为的恰恰就是我们的思想和情感，如果我们抓着各种各样的欲望不肯松手，那么就会失去对理智的控制力，最后被情感的香蕉所捕获。相反，如果我们退一步，反而能够掌握主动权，达到自己的目的。正如约里奥·居里所说："我们不得不饮食、睡眠、恋爱，也就是说，我们不得不接触生活中最甜蜜的事情，不过我们必须不屈服于这些事物。"

烦恼来自患得患失

人们对生活往往怀着一种美好的憧憬，憧憬自己可以得到幸福、健康、财富、成功、地位，我们热衷于一切可以让我们看似能够得到快乐的东西。可是在许多时候我们发现当我们真正得到这些东西的时候，我们却没有预想中的快乐，因为我们发现它还不够多、不够好，而且我们时时刻刻都在担心会失去它。这就是所谓的患得患失，所有烦恼着的人的通病，不管他们的烦恼是因为得不到还是怕失去。下面的故事很好地反映了这种人的心态。

有一位富翁，他拥有一家世界顶级的豪华饭店。每天上午11点，这位富翁都会坐在一辆耀眼的汽车里穿过纽约市的中心公园。

在穿过中心公园的时候，这位富翁发现了一件有趣的事：每天上午都有一位衣衫褴褛的人坐在公园的凳子上死死盯着他开的那间酒店。富翁对这个人产生了极大的兴趣，有一天，他终于按捺不住自己的好奇心，让司机停下车走到那个穷人的面前说："请原谅，我不明白你为什么每天上午都盯着我的酒店看。"

"先生，"那个穷人认真地说，"我没钱、没家、没住宅，只得睡在这条长凳上，不过，每天晚上我都梦到住进了那座酒店，所以每天醒来之后我都会注视着那座豪华酒店，我多么希望自己能够真的住在那里啊，哪怕只有一晚！"

富翁觉得很有趣，于是就对那个人说："今天晚上我就让你如愿以偿。我为你在酒店订一间最好的房间，并支付一个月的房费。"

几天后，富翁路过穷人住的酒店套房，想顺便问一问他是否觉得很满意。然而，他发现那个人早已搬出了酒店，重新回到公园的凳子上了。

富翁来到公园，询问穷人为什么要这样做，穷人回答道："一旦我睡在凳子上，我就梦见我睡在那座豪华的酒店，我对它充满了无限遐想；可是一旦我睡在酒店里，我就梦见我又回到了冷冰冰的凳子上，这梦真是可怕极了，以致完全影响了我的睡眠！"

这个故事看起来很愚蠢，但是不可否认，我们每个人都或多或少存在这样的心理。一旦我们得到了自己想要的东西，我们就会变得患得患失。

情绪驿站
QINGXUYIZHAN

你是否有过这样的经历：小时候看到别的小朋友有一个漂亮的玻璃娃娃，于是羡慕得不得了，梦想自己也能拥有。父母看透了你的心事，为你买了一个更加漂亮的送给你，你欣喜若狂、爱不释手。可是很快你就会发现自己变得很不安，你怕别人甚至自己把它打碎，整天小心翼翼、战战兢兢。你发现无论你将它放在哪里都有摔下来的可能，于是你变得担忧、焦虑，甚至开始恨你手里的那个梦寐以求的东西了！

当然，你所想要拥有的并不一定是那个玻璃娃娃，而且肯定是要比它珍贵得多的东西。你是不是整天盼望着得到它，或者你已经得到了，又整天担忧着会打碎它呢？每个人都有自己想要的那个"玻璃娃娃"，可是大多数人都不知道应该如何处置它！正确对待自己想要得到的和已经得到的事物是一个人健康成熟的标志！

第一章　哪些坏情绪左右了你

欲望的猴子搅乱了思绪

很多时候，我们以为只要得到自己想要的东西就能拥有快乐。可是，结果却往往事与愿违，我们得到的东西越来越多，而快乐却离我们越来越远。

从前，有个富翁，他家财万贯，可是却并不快乐。为了寻找快乐，他背着许多金银珠宝上路了，然而走遍了千山万水也不见快乐的踪影。

一天，一位衣衫褴褛的农夫唱着山歌走了过来。富人向农夫讨教快乐的秘诀，农夫笑笑说："哪里有什么秘诀，只要你把背负的东西放下就可以了。"

富人蓦然醒悟——自己背着那么沉重的金银珠宝，腰都快被压弯了，而且住店怕偷，行路怕抢，成天忧心忡忡，惊魂不定，怎么能快乐得起来呢？

于是，富人放下行囊，把金银珠宝分发给过路的穷人，不仅背上的重负没有了，而且看到了一张张快乐的笑脸，他也因此而快乐起来。

很多时候，不是快乐离我们太远，而是我们根本不知道自己和快乐之间的距离；不是快乐太难，而是我们活得还不够简单。在少年时，行囊是空的，因为轻松，所以快乐。但之后的岁月，我们一路拣拾，行囊渐渐装满了，因为沉重，快乐也就消失了。我们以为装进去的都是好东西，可正是这些"好东西"，让我们在斤斤计较中无法快乐。

另外，我们还应该明白，欲望是无止境的，太多的欲望会阻碍我们前进的步伐。我们之所以常常不能专心完成一件事情，恰恰是因为欲望在作祟，它常常像一只猴子一样一刻也不能安宁，搅乱我们的思绪，阻碍前进的步伐。

从前，有一个村庄。一天，村里来了一个奇特的老人，他点燃了一把火，并且用一根棍子在碗里不停地搅拌，竟然从碗中掉出金块来，老人说这就是炼金术。

村长请求老人告诉他们秘诀。老人答应了，说："不过在炼金的过程中，千万不可以想树上的猴子，否则就炼不出金块来。"

等老人走了以后，村长就开始炼金，他一直告诉自己，不可以想树上的猴子，可是越不想，偏偏猴子越是不断浮现在他的脑海中。他只好交给另一个人，并一再叮嘱不可想树上的猴子。就这样，全村的人都试过了，却没有一人能炼出金子，因为树上的猴子，总是会从他们心中跑出来。

所谓的炼金术当然是个骗局，但它却揭示了一个道理，每个人心中都会有一些欲望的猴子，这些猴子总是在我们的心中作怪，让我们无法逃脱它的诱惑。

现在想一想，你的生活是否已经被这只欲望的猴子搅得不得安宁？欲望的诱惑是否时刻都在啃噬着你脆弱的心灵？快乐是否因为你过多的欲望已经无处容身？

情绪驿站
QINGXUYIZHAN

对一个喜欢零食的孩子来说，买一座金山还不如买一包话梅更能让他感受到快乐。

容易快乐的还有那些从不胡思乱想的动物。只要解决了吃饭问题，瑞士奶牛就会闲卧在阿尔卑斯山的斜坡上，一边享受温暖的阳光，一边慢条斯理地反刍。非洲草原上的狮子吃饱以后，即使羚羊从身边经过，也懒得抬一下眼皮。

一位作家非常赞赏瑞士奶牛和非洲狮子的生存哲学，他说，假如你的饭量是三个面包，那么你为第四个面包所做的一切努力都是愚蠢的。

因此，一个人不快乐是因为背负了太多的负担，这也正是由于欲望所致，而欲望是个无底洞，丢进去的东西越多越觉得空虚。所以，试着放下一些超重的欲望，那样你就会发现快乐竟是如此简单。

疑神疑鬼度日月

我们先来一起看一个古老的故事：

一个汉子和别人打赌，夜里到坟墓堆里一游，看能不能平安归来。于是对方就在白天摆了个信物在一个坟上，要他夜里取回，证明他确实去过那里。

这汉子半夜前往坟墓堆，两腿发软，全身打着哆嗦，好不容易摸着了那个信物，拿起信物正想拔腿跑回去时，忽然觉得有个东西抓住了他的衬衫下摆。汉子大惊失色，用力挣脱不得。

第二天，有人发现他一夜未归，于是到坟堆里去找，竟然见他两眼圆睁、满脸恐惧地死在那里。那人仔细一看，汉子的衬衫下摆，牢牢地勾在一根枯木上。

人们对死亡总是怀着一种畏惧的心理，尤其是在夜里的时候，因为视力受到了影响，其他感官就会变得敏感，心理作用就会起主导作用。于是这个汉子就想到了他看不到的鬼，最后被自己的恐惧心理吓死！

这是一种夸张的疑神疑鬼的表现，你也许不会相信它的真实性，那么我们就再来看一个笑话：

在一家银行里，职员们都十分忙碌地为客户服务。

忽然，一声大喝："不要动！马上给我趴在地上！"

职员们都大吃一惊，有些人见到柜台前站着个彪形大汉，有些人连看都不敢看，全都马上趴在地上。

过了一会儿，大家听到柜台外面有人说："咦？怎么才一会儿人全都不见啦！"

这时，有几个男职员抬起头来。只见那彪形大汉和几位顾客，一脸莫名其妙地朝柜台里瞭望。

大家站起来仔细一瞧，原来彪形大汉的脚旁，一条狗正乖乖地趴着。

我们是不是有时候也跟那些可笑的职员们一样被自己的疑虑所吓倒呢？

还有一个小故事：

一个人想挂一张画。他有钉子，但是没有锤子。邻居有锤子。于是他决定到邻居那里去借锤子。

就在这时他开始胡思乱想：

要是邻居不愿意把锤子借给我，那怎么办？昨天他对我只是漫不经心地打招呼，也许他确实匆匆忙忙，也许这种匆忙是他装出来的，其实他内心对我是非常不满的。什么事不满呢？我又没有做对不起他的事，是他自己在多心罢了。要是有人向我借工具，我立刻就借给他。而他为什么会不借呢？怎么能拒绝帮别人这么点儿忙呢？而他还自以为我依赖他，仅仅因为他有一个锤子！我受够了！

于是他迅速跑过去，按响门铃。邻居开门了，还没来得及说声"早上好"，这个人就冲着他喊道："留着你的锤子给自己用吧，你这个恶棍！"

这个人显然陷入了自己设定的思维模式里，并且把假设句变成了肯定句，于是就闹出了笑话！

😊 情绪驿站
QINGXUYIZHAN

大多数时候我们不会这么莫名其妙，因为我们有理智的控制，我们会分析问题，当然这种分析的方式必须是正确的。如果一旦发现自己的思绪背离了正常的轨道，总是对任何事物都抱着怀疑的态度，那么你就要警惕了，好好地反省一下你是不是已经开始变得疑神疑鬼，甚至神经质了呢！

　　虽说每个人都需要保持合理的谨慎恐惧之心，因为这是一种本能的意识，也是一种生存的需求。但是如果这种心理过分了就会变成焦虑，就会开始疑神疑鬼。生活需要遵循中庸之道，拿捏得宜，事先充分做好准备，否则就会状况百出，甚至影响自己的生活和生命安全！

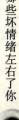

朝着所谓的目标固执地前进

人的思想是一种无形的东西，因此也决定了它可以四处蔓延，可以广阔无边。开阔的思路犹如蓝天、大海一望无际，也唯有如此才能使人的视野更加开阔，步履也才更加淡定。可是也正是由于它的无形往往会让人一条路走到黑，钻进牛角尖，无力自拔。就像一条钻进瓶子里的章鱼：

神秘的大海中生活着各种千奇百怪的鱼类，每一种都有各自的生活习性，而各自的生活习性又往往决定了它们在海洋中的生存状态。章鱼就有一种怪癖，一条章鱼的体重可以达到70磅，然而它们的身体却非常柔软，柔软到几乎可以将自己塞进任何想去的地方。

章鱼没有脊椎，这使它可以穿过一个银币大小的洞。它们最喜欢做的事情，就是将自己的身体塞进海螺壳里躲起来，等到鱼虾走近，就咬断它们的头部，注入毒液，使其麻痹而死，然后美餐一顿。对于海洋中的其他生物来说，章鱼可以称得上是最可怕的动物之一。

然而也正是它的这一特点，使它成为渔民的猎物。渔民掌握了章鱼的天性，他们将小瓶子用绳子串在一起沉入海底。章鱼一看见小瓶子，都争先恐后地往里钻，不论瓶子有多么小、多么窄。结果可想而知，这些在海洋里无往不胜的章鱼，成了瓶子里的囚徒，变成人类餐桌上的美餐。

是什么囚禁了章鱼？是瓶子吗？那只是表象，瓶子放在海里，瓶子不会走路，更不会去主动捕捉。真正囚禁了章鱼的是它们自己。它们向着最狭窄的路越走越远，不管那是一条多么黑暗的路，即使那条路是死胡同。

我们有时候也如同这些自以为是的章鱼，当遇到装满苦恼、烦闷、失意、诱惑的瓶子时，却以为找到了自己的目标拼命往里钻。最终将自己囚禁起来，无力挣脱。想想我们自己是不是已经钻进了痛苦的瓶子里，而且越陷越深？生活就如同这广阔的海洋，蕴藏着那么多有价值的东西，而我们却一味地向瓶子里挤，结果思想变得越来越狭窄，人生也越来越失去光亮。

很多时候我们被自己所认定的信念蒙上了双眼，自以为是地朝着所谓的目标固执地前进，结果却钻进了痛苦的牛角尖。有时候信念会像眼罩，使我们忽略了无法支持我们信念的事情，只注意到与我们信念切合的事。例如，如果你是男性，你认为好男人要供养家庭，不应显露感情，你的本性就有可能被事业成功、压抑感情所占据。你越是坚持对自己本性的信念，越是会拒绝任何否定或挑战你个人信念的事，这种极端的想法就是捕获你的瓶子。

在患有厌食症的人身上，也可找到这种极端想法的影子。患有厌食症的人认为自己太胖，因此他们看到的事实就是自己太胖。当他们照镜子时，他们把所有否定这个想法的信息都排除在外。即使他们穿着一件宽松的衣服，或体重只有80斤，他们还是觉得自己很胖，结果他们看到的真的就是这样。

我们被自己的固执牵着鼻子走，结果走进了死胡同，试问一个没有出路和生路的信念如何能让我们达到理想的彼岸呢？

忌妒啃噬了安心草

人很少有满足的时候，因为总觉得别人比自己幸福，被忌妒啃噬的心怎么可能会有快乐可言。我们更应该了解的是，忌妒心其实与金钱和地位无关，即使你拥有了一切，只要忌妒还在你就永远不能安心。

从前，有一个国王，他权倾天下，拥有了一切世人想要得到的东西，然而他却很郁闷，"看那些天上的神仙整天衣食无忧，可以四处云游，真叫人忌妒！""日理万机的生活真是好辛苦啊！"苦闷之余，国王到御花园里散心。

让他感到奇怪的是，花园里花和树都枯萎了。

"你昨天不是还好好的吗？今天怎么就枯萎了？"国王对橡树说。

"我没有松树那么高，于是我一直不停地往上提升自己，结果我的根脱离了土壤……"橡树有气无力地说。

"可是，松树，你又为什么也无精打采的呢？"国王好奇地问松树。

"我不能结和葡萄一样的果子，终日难过！"国王听了感到很诧异。

他更加诧异地问葡萄："连松树都羡慕你，你怎么也气息奄奄了呢？"

"您看，我一直不停地拼命生长，可还是不能开出郁金香那样美丽的花……恐怕我就要抑郁而死了……"

这时，国王发现他的脚旁边生长着一棵茂盛的小草。

国王好奇地问："别的植物都枯萎了，只有你还在茁壮地生长，这是为什么？"

"因为我是安心草，而且我只需要安心地做一棵安心草就好了！"

这个故事告诉我们，忌妒之心只会让旺盛的精力日渐枯萎。只要安心于享受自己的生活乐趣，即使自己是默默无闻的，也可以生活得很好。

😊 情绪驿站
QINGXUYIZHAN

忌妒别人的人一定会有这样的体会：别人为什么总是比自己幸福？

常常，我们已经生活得不错了，可是我们却痛恨自己不是最成功的那个人，总有一些人比我们生活得辉煌，而我们不能接受这一事实。于是，忌妒便开始了，然而忌妒并没有让我们把别人比下去，这样仇恨又产生了，极大的敌视和报复心理让人变得不再理智，然而报复的结果通常都不会如我们所愿，我们因此失去了我们最宝贵的东西，即使报复真的成功了，我们也并不会如我们想象中快乐。通常，忌妒除了让我们痛苦，同时付出巨大代价之外，没有任何好处。

这也正应了这样一句话："如果你仅仅想获得幸福，那很容易就会实现，但是，如果你希望比别人更幸福，那将永远都难以实现。"它同时道出了现实生活中许多烦恼的根源，忌妒除了让我们痛苦外什么优点都没有。

寂寞的感觉时时袭上心头

寂寞是一种状态，它往往预示着孤独和空虚的降临。而且它还会带来一种心理暗示：我是一个被遗忘的人，没有人爱我，也没有人会记得我的存在。这种暗示会让人变得自怨自艾！

有一个心理学家，她有一位朋友。5年前，她的这位朋友失去了丈夫，从此，她再也没有逃脱"寂寞"之苦的煎熬。

"我该怎么办？"她丈夫过世后一个月，她来找心理学家诉苦，"我应该住在哪里？我怎么重新获得快乐？"

心理学家告诉她，她的焦虑源于降临在她身上的灾难，她应该及时摆脱忧伤。并建议她赶快走出以往的生活，建立起新的生活和快乐。

"不，"她回答说，"我不会再有快乐，我已经老了，子女都结婚了，我无处容身。"

这个可怜的母亲得的是可怕的自怜症，而她又对这种病症的治疗方法不甚了解。

一次，心理学家问她："你总不会让别人永远同情你可怜你吧？你可以重新开始生活，认识新朋友并培养新兴趣，代替旧的。"

她只是听着，但是没往心里去。她太自怜了。最后她决定把快乐寄托在子女身上，就搬到女儿家里去住。

这是一次错误的决定，后来母女俩反目成仇。她就又来到儿子家，但也没有得到好结果。

她的子女只好给她弄了一间公寓让她自己住，但这解决不了根本问题。一天下午，她哭着告诉心理学家说，她的家人把她抛弃了。

寂寞的人永远不会懂得，爱和友情是不会像包装精美的礼物一样被送到手上的。受欢迎和被接纳是从来就不会轻易到手的。她想让全世界的人都可怜她，这样她永远也无法快乐起来。她是个不可救药的自私女人，虽然她有着六十多年的人生经历，但在感情上，她还是个小孩子。

当然，不是只有寡妇或鳏夫才会感到寂寞，单身汉和选美皇后也有得上这种病症的可能。

几年前，一个年轻的单身汉到纽约闯世界。他英俊潇洒，受过很好的教育，而且曾周游各地。进入这个大都市后，白天他有繁忙的工作，晚上却陷入孤独寂寞之中。他不习惯一个人吃饭，也不喜欢独自去看电影。他不想去麻烦在城里的已婚朋友，而且他也不想接受主动投怀送抱的女孩。

显然，他想要的是那种好女孩，不是从酒吧里出来的；他不愿加入"寂寞的心"俱乐部；或去找社交介绍服务中心解决他的特殊问题。结果他在这企图寻求发展的城市里度过了一段难耐的时光。

有时候城市可能反而比任何乡间小镇更让人感到寂寞，他也知道一个男人在城市里就要付出比乡村更多的心力才容易被接受、受欢迎。他必须事先想好他下班后的生活的兴趣何在，然后去寻找那些场所。他渴望有趣味相投的人接纳他，但这要靠他自己主动争取。

尽管医学和药物的研究一直在飞速进步，但是我们却产生了一种新疾病——大众寂寞病。

加州奥克兰米尔斯学院院长李思·怀特，曾经就这个问题，向出席基督教女青年会晚宴的听众进行了一场精彩的演讲。

"现代社会的主要疾病是寂寞，"他说，"如同大卫·雷斯曼所说，

'我们都是寂寞的人'。随着人口的迅速膨胀，人与人之间可以患难与共的真情已经逐渐消失了……我们生活在无个性的世界，我们的事业，政府的规模，人们的频繁迁徙等等，导致我们在任何地方都无法获得持久的友谊，而这还不过只是令数百万人备觉寒冷的新冰河时代的开始而已。"

然后怀特博士这样总结道："对上帝和同胞的爱都可以称得上是纯真的热情。有了爱我们就能对抗腐败的灵魂的侵蚀和摆脱宇宙的孤寂，培养出精神的气氛。"

一个人如果想要克服寂寞，就必须努力创造怀特博士所谓的"精神气氛"。无论我们走到哪里，都应该靠自己的力量创造出温暖和友情。

 情绪驿站
QINGXUYIZHAN

对我们来说，如果想要克服寂寞，就不要再自怜下去，应该步入光明中去结识新朋友，与他们共同分享快乐，虽然这需要勇气，但是很多人都做到了。

越是生活在繁华的大都市，人们往往就越感到寂寞，尤其是单身的男女和孤寡的老人。因为他们的生活往往会形成一个单一的模式，很多成功人士因为没有打理好自己的私人空间而变得空虚孤单，寂寞的感觉自然时时袭上心头。一个人刚进入城市，有许多事可以做。他可以通过加入与其兴趣相符的俱乐部来寻求友谊；他能在成人教育班上找到同道，但独自去餐厅吃饭或泡吧是永远也找不到热切渴望的友谊的。每个人都必须自己想办法解决寂寞。

在懊悔的海洋中打滚

很多愚蠢的可以避免的错误，往往让人们懊悔不已，尤其是一些看似能够改变我们人生的重大问题上。我们由于自己的判断失误而犯了重大的错误，然后开始后悔自己当时的行为和决定，而且往往这种懊悔的情绪会维持相当长一段时间。在这段时间里，我们几乎无法正常工作和思考，犯错误的那一幕时时都会跳出来扰乱我们的情绪，它让人们变得不开心。有的人甚至一辈子都在各种各样的懊悔中度过，他们亲手毁掉了自己本应幸福的一生。

如果你能读尽各个时代伟大学者所写的有关忧虑的书，你也不会看到比"不要为打翻的牛奶而哭泣"更有用的"老生常谈"了。

有一个学生经常为很多事情发愁。他常常为自己犯过的错误自怨自艾。交完考试卷以后，常常会半夜里睡不着，害怕没有考及格。他总是想那些做过的事，希望当初没有这样做；总是回想那些说过的话，后悔当初没有将话说得更好。

他的老师看到了这一切，想要帮他从懊悔中解脱出来。一天早上，老师召集全班学生到了科学实验室。把一瓶牛奶放在桌子边上。大家都坐了下来，望着那瓶牛奶，不知道它和这堂生理卫生课有什么关系。

过了一会儿，这位老师突然站了起来，一巴掌把那牛奶瓶打碎在水槽里，正当学生们错愕之际，老师大声叫道："不要为打翻的牛奶而哭泣！"

然后他叫所有的人都到水槽旁边，好好地看看那瓶打翻的牛奶。

"好好地看一看，"他对大家说，"我希望大家能一辈子记住这一课，这瓶牛奶已经没有了——你们可以看到它都漏光了，无论你怎么着急，怎么抱怨，都没有办法再救回一滴。只要先用一点思想，先加以预防，那瓶牛奶就可以保住。可是现在已经太迟了，我们现在所能做到的，只是把它忘掉，丢开这件事情，只注意下一件事。"

所以，一定要记住：不要为打翻的牛奶而哭泣。把注意力转移到下一件事情上，告诉自己下次一定要将事情做好，这不仅会让你的生活轻松得多，而且还为你的成功增添了动力。

情绪驿站 QINGXUYIZHAN

有一位成功的精神病学家，执业多年，在精神病学界享有很高的声誉。他在将要退休时，发现在帮助自己改变生活方面最有用的老师，是他所谓的"四个小字"。头两个字是"要是"。他说："我有许多病人把时间都花在缅怀既往上，后悔当初该做而没有做的事，'要是我在那次面试前准备得好一点……'或'要是我当初进了会计班……'"

在懊悔的海洋里打滚是严重的精神消耗。矫正的方法很简单：只要在你的词典里抹掉"要是"二字，改用"下次"二字即可。当你开始感到懊悔时应该对自己说："下次如有机会我应该……"

在这个世界上，没有任何一个人没有做错过一件事。但是因为做错了事情而懊悔，非但不能弥补过失，相反还会将人的积极上进的好心态彻底摧毁，让人变得委靡不振。所以，千万不要总是惦念已往的过错，已经发生的事情并不会因你的后悔而有丝毫的改变。当你又在后悔既往时记得对自己说："下次我不会再做错。"这样做能使你摒除懊悔，把时间和心思用于现在和将来。

为什么要浪费眼泪呢？当然，犯了过错和疏忽是我们的不对，可是又能怎么样呢？谁没有犯过错？就连拿破仑在他所有重要的战役中也输过三分之一。

何况，即使动用所有的人马，也不能再把过去的错误和损失挽回。就算是刚刚发生的事情，我们也不可能再回头把它纠正过来——可是却有很多的人正在做这样的事情。说得更确切一点，我们可以想办法改变刚刚发生的事情所产生的影响，但是我们不可能去改变当时所发生的事情。唯一可以使过去的错误产生价值的方法，就是从错误中吸取教训，然后再把错误忘掉。

总认为别人的糖比自己的甜

似乎每个人都有一种怪癖：得不到的东西是最好的，别人的糖都比自己的甜！

有一对夫妇在逛百货公司，刚好遇上名牌女装特价促销，一群女士们挤在一个摊位上选衣服。

太太拿着衣服在身上左比右比，还是下不了决心。"喂！你看这件好不好？"太太希望能从先生那里得到答案。

这时，她一抬头，见到对面有位小姐，手里拿的那件上衣的颜色要比自己手上的好看，款式也新颖一点。

"放下，快点放下……"太太眯起眼睛盯着那件衣服，心里开始默念。

说也奇怪，她的默念果真奏效，念着念着，那小姐竟然就真的放下了。她马上一伸手，抓过那件衣服，身手矫捷动作利落。

"今天运气可真好！"太太付了钱笑嘻嘻地对丈夫说，"这件衣服差点儿就被那位小姐给抢去了。"

先生扬了扬眉毛笑道："是啊！我想那位小姐心里想的和你一样，她现在正开心地抓着你原先拿的那一件呢！"

这个故事看起来很可笑，可是却不乏真实性。在现实生活中，我们不是常常都在盯着别人手里的那件衣服吗？总在盯着别人比自己多拥有了什么，却从来不去想自己也同样被别人注视着。我们自己所拥有的东西其实已经被别人眼红好久了呢！

当然，不满足并不一定是坏事——如果它能够成为你进取的动力的话。但千万不要去盲目地羡慕别人而落入了忧郁的陷阱。并且还要了解，别人手里的糖未必比你的甜，真正的滋味只有他们自己最清楚。

从前，有一个年轻人，他要到另一个村庄去办事，途中要经过一座大山。出发之前，家人嘱咐他：如果遇到野兽千万不要惊慌，只要爬到树上，野兽就奈何不了你了。

年轻人走到中途，野兽果然出现了，一只猛虎飞驰而来，于是他连忙爬到树上。

老虎围着树咆哮不已，拼命往上跳。年轻人本想抱紧树干，却因为惊慌过度，一不小心从树上跌了下来，刚好跌在猛虎背上。而老虎也受了惊吓，立即拔腿狂奔，他只得抱住虎身不放。

另外一个路人不知事情的缘由，看到这一场景，十分羡慕，赞叹不已："这个人骑着老虎多威风啊！简直就像神仙一般快活。"

骑在虎背上的年轻人真是苦不堪言："你看我威风快活，却不知我是骑虎难下，心里怕得要死！"

每每我们看到一些威风八面的人时，心里就会羡慕不已，可是也许那些只是表面的现象而已，岂不知他正愁苦不堪，不知所措。如果真的这样盲目地去羡慕别人的话，迟早有一天我们自己也会尝到骑虎难下的滋味。或者现在你已经在痛苦地品尝这种滋味了？

情绪驿站
QINGXUYIZHAN

萧伯纳说："你可知道，人类总是高估了自己所没有的东西之价值。"的确，这就是人类最大的悲哀：我们总是去羡慕别人，看着别人，对自己已拥有的东西却不在意，也不知道珍惜。大多数的人都不知道自己有多么富有，因为他们的眼睛盯着别处。

有这么一句名言："一个女孩因为她没有鞋子而哭泣，直到她看见一个没有脚的人。"

世间很多事情，常常是我们拥有的却没有珍惜，直到在失去之时，我们才悔恨莫及。完美的人生应有两个目标：第一是得到想要的东西，尽力去争取；第二是享受拥有它的每一分钟。然而，通常的情况下人们只会朝着第一个目标迈进，却从来不拿正眼看看第二个目标，因为他们根本不懂得享受。

想想吧，你现在拥有的东西是多么充裕啊！但是，你一定还很不满足，因为你看到别人手里有你还没有的东西。

无止境的焦虑和担心

人生无常，令人焦虑、恐慌，面对时刻都在变幻的世界，许多人都有一种无力感，太多的事情让我们担心了。

有一位曾经乐天知命的母亲得了焦虑症，她的女儿说母亲现在变得非常神经质，总是一会儿担心这个一会儿又担心那个。她举了三个例子：

有一天，妈妈独自一人开车去买东西，她把车停在停车场，然后到百货公司去采购。等她带着大包小包东西出来，走到停车场的时候，见到几位警察等在她的车子旁边。她慌了，不知道自己犯了什么错，慌乱之下，脑子竟然一片空白，愣了好半天，才想起打电话给自己的女儿。

"我是妈妈啊！现在在百货公司的停车场，你赶快来！有好多警察围住了我的车子，不知道发生了什么事！你赶快来啊！"妈妈焦急地对着电话喊。

女儿正在开会，听到妈妈的声音已经变得颤抖，立刻对所有开会的同事道了歉，向总经理请了半天假，朝着不远的百货公司停车场急驶而去。当女儿赶到的时候，发现妈妈脸色发白，神情紧张。

女儿陪妈妈走到自己的车子旁边，气喘吁吁地问那几位警察：

"警察先生，发生了什么事吗？"

几位警察愣了一下，其中一位说："会发生什么事？警察也得有个地方站一站啊！"

第二次发生在家里。女儿夫妇刚生了个女儿，父母都非常开心，每天乐呵呵地照看孩子。

　　几个月大的小孩子手指甲特别薄，就像刀片一样，把外公的脸上抓得伤痕累累。

　　"天哪！你的脸怎么给抓成了这样！"母亲看到自己丈夫的脸叫了起来。

　　"那有什么办法！我要出门了。"父亲轻描淡写地说。

　　可是母亲可没有因此罢休，她把外孙女抱过来贴在丈夫脸上说："快，咬外公！"

　　外孙女刚长了几颗牙，恰是见了什么东西都咬的时候，一张口，就在外公脸上咬了个齿痕。

　　丈夫不明所以，问妻子这是做什么，妻子理直气壮地答道："哼！我可不能让人以为我欺负你，坏了我的名声！如果有人问，你就让他看看这小牙痕。"

　　还有一次，母亲感染了流行性感冒住院，她躺在病床上沮丧地对家人说："我……我可能不行了！"

　　原来母亲发现医生在自己的病历上画了一个惊叹号，她认为自己肯定是得了绝症。女儿无奈只好去找来护士，当着母亲的面问她："护士小姐，我妈说，她看到医生在病历表上画了个大惊叹号？"

　　护士回答："是啊！那是指要打点滴，怎么啦？"

　　这位母亲从乐天知命，变成无时无刻都焦虑、恐慌，只是给自己的生活带来许多烦恼。人生的"无常"有些来自环境的变化，有些来自本身疏于管理。凡是我们事先预料不到的都称作变量，凡是由平顺突然走逆的都是无常。

　　无止境的担心也就是人生无常、时起变量，所以引起我们焦虑、恐慌。这点在医院里就可看得出来，世界各地高血压、心脏病、胃病、心理疾病等等的病患呈不断上升的趋势，这些病症多半都和自身的情绪、压力息息相关。也许你也像大家一样，或多或少有这方面的问题，现在你需要了解治病要治疗它的根源，它的根源就是——头脑。

　　焦虑、恐慌的天敌是你的自信。一旦你懂得怎么思考，知道怎么运用的时候，你就有了自信，这个时候，就能够掌控自己，而不是把自己完全交给命运。

　　一位名人说："人们最难忍受的不幸是那些从未来临的不幸。"现实中的确有太多这样的人，明明知道人生无常，却又束手无策、随波逐流，无止境的担心慢慢把自己逼到死角。其实，何必呢，担心不会让现实有任何改变，与其无止境地担心下去，不如及时调整自己的心态，这样生活才不会那么累！

第一章　哪些坏情绪左右了你

指望让所有的人对自己都满意

不知道你在小的时候有没有看过这样一个动画片：

有一对父子，他们高高兴兴地赶着驴子进城，走着走着突然听到别人笑他们：真笨，有驴不骑！

父亲便叫儿子骑上驴，走了不久，一个老头上前说：真是不孝的儿子，竟然让自己的父亲走路！

父亲赶快叫儿子下来，自己骑到驴背上，一个妇女又跑过来说：真是狠心的父亲，不怕把孩子累死！

父亲连忙叫儿子也骑上驴背。谁知又有人指指点点地说：太过分了！两个人骑在驴背上，不怕把那瘦驴压死？

父子俩无奈，赶快溜下驴背，把驴子四只脚绑起来，用棍子扛着。经过一座桥时，驴子因为不舒服，挣扎了下来，结果掉到河里淹死了！

这的确是一个很老土的故事，那一对父子的行为也的确愚蠢到家了。可是，我们是否真正意识到自己在很多时候也在扮演着同样的角色呢？

很多人做人做事就像这故事中的父子，别人叫他怎么做，他就怎么做；谁抗议，就听谁的！结果呢？大家都有意见，而且大家都不满意。

所有的事情都是一样，我们不可能让所有的人都满意。想面面俱到，不得罪任何人，又想讨好每一个人，那是绝对不可能的！你不可能兼顾到每个人的面子和利益，你认为照顾到了，别人却不这么认为，甚至人家还根本不领情呢。任何一件事都不可能照顾到每个人的立场，因为每个人的主观感受和需要都不同，如果你总是跟着别人的看法去生活去做事，并且还要让每个人满意，结果就会让所有人都不满意，而且每个人都会嘲笑你！而你也同时失去了自我，生活在别人的阴影中。就像格林童话中那个长发公主：

有一位漂亮的长发公主，自幼被巫婆关在一座高塔里，巫婆每天对她说："你的样子丑极了，见到你的人都会害怕。"公主相信了巫婆的话，怕被别人嘲笑，不敢逃走。直到有一天一位王子经过塔下，赞叹公主貌美如仙并救出了她。

其实，囚禁公主的不是什么高塔，也不是什么巫婆，而是公主认为"自己很丑"的错误认识。

我们或许也正被他人所蒙蔽，比如别人说你笨，没有前途，你也就相信了，其实这不正如那位公主吗？我们一味相信别人的看法，按照别人期望的样子去生活，结果却并没有得到别人的认同，那才是真正的悲哀。

从前，在一个古老的国度有一对双胞胎王子。有一天，国王想为儿子娶媳妇，便问大王子喜欢怎样的女孩，王子回答："我喜欢瘦的女孩。"这一消息很快传遍全国，于是全国各地的年轻女孩都开始减肥，因为她们都梦想成为王子的新娘。

几个月后国内几乎没有胖的女性了，所有的女孩见面的第一件事就是比比看谁更瘦，女孩们为了减肥甚至出现饿死了的情况。这似乎印证了中国的那句古语："楚王好细腰，宫中多饿死。"

然而事情并没有如人们所愿，大王子因为生病突然去世了。国王悲痛之余，决定由弟弟来继承王位。而小王子却说自己更喜欢丰满的女孩。

于是所有的年轻女孩又开始竞相大吃特吃，不知不觉间，全国几乎没有瘦的女孩了。

但没想到的是：最后王子所选的新娘，却是一位不胖不瘦的女孩。

 情绪驿站
QINGXUYIZHAN

伊壁鸠鲁说："你要是按照自然来造就你的生活，你就决不会贫穷；要是按照人们的观念来造就你的生活，你就决不会富有。"

为自身缺点自卑烦恼的人应该以此为戒："审美观是因人而异的。"想想看，你真的从别人的看法中得到快乐了吗？你是不是从小到大都在寻求一种安全感，为了满足别人的要求，做别人所要求你去做的那种人，让你觉得自己并不是孤立无援的，或者你已经患上了取悦别人的毛病。别人的看法已经左右了你的生活，你已经变得不再会自己做出判断。

你真的因此而变得受欢迎了吗？答案必定是没有！试想：你会去欣赏一个毫无主见，凡事都要别人拿主意的人吗？同时，你是否发现，即使你真的按照别人所期待的做了，而且别人也的确对你的听话表示满意，那么这时你除了一点点虚荣心得到满足之外，真的感到前所未有的快乐了吗？

害怕处理不好事情会失去什么

每件事情看起来都那么难，我们天天都在害怕自己处理不好，害怕因此会让自己失去什么。

凯特琳需要人帮她做好准备，和前夫谈他们的地产问题。她已经把这件事放在心里烦恼了好几个星期，试着想出最好的方法来交涉这件事。她通过几个人来处理这件事，并得到一些响应。最后，她手掌冒汗、心怦怦跳地和她前夫碰头了，在一位律师的协助之下，事情圆满地解决。事实上，事情很容易而且很快就解决了，她发现事后自己的情绪相当高涨，心中很惊讶："就这样吗？"对凯特琳来说，有了那件事的经验，将来要处理与金钱赔偿相关的事会比较容易了。

恐惧是天性，让恐惧消失的唯一方法就是面对恐惧。俗话说："做你害怕的事，并看着它消失。"通常，当你克服一种恐惧，你会发现，它并没有你原来所想的那么令人害怕。

一位心理学家想知道人的心态对行为到底会产生什么样的影响，于是他做了一个实验。

首先，他让10个人穿过一间黑暗的房子，在他的引导下，这10个人皆成功地穿了过去。

然后，心理学家打开房内的一盏灯。在昏暗的灯光下，这些人看清了房子内的一切，都惊出一身冷汗。这间房子的地面是一个大水池，水池里有十几条大鳄鱼，水池上方搭着一座窄窄的小木桥，刚才，他们就是从这座小木桥上走过去的。

心理学家问："现在，你们当中还有谁愿意再次穿过这间房子呢？"没有人回答。过了很久，有3个胆大的人站了出来。

其中一个小心翼翼地走了过去，速度比第一次慢了许多；另一个颤颤巍巍地踏上小木桥，走到一半时，竟只能趴在小桥上爬了过去；第三个刚走几步就一下子趴下了，再也不敢往前移动半步。

心理学家又打开房内的另外9盏灯，灯光把房里照得如同白昼。这时，人们看见小木桥下方装有一张安全网，只是由于网线颜色极浅，他们刚才根本没有看见。

"现在，谁愿意通过这座小木桥呢？"心理学家问道。这次又有5个人站了出来。

"你们为什么不愿意呢？"心理学家问剩下的两个人。

"这张安全网牢固吗？"两个人异口同声地反问。

很多时候，成功就像通过这座小木桥一样，失败恐怕不是因为力量薄弱、智力低下，而是周围环境的威慑。面对险境，很多人早就失去了平静的心态，慌了手脚，乱了方寸。

情绪驿站 QINGXUYIZHAN

萧伯纳说："对于害怕危险的人，这个世界上总是危险的。"如果你对什么都害怕，那么你就真的会被打败了。恐惧心理会让你面对险境时不知所措，畏惧不前。其实，生活中的你我害怕的也不仅仅是险境，我们害怕的往往是我们所能看到的一切。我们害怕任何不确定的东西，害怕承诺，因为我们不知道未来如何变幻，害怕自己不能遵守；害怕遭到拒绝，因为那意味着自己要面临一次抉择，而掌控权在别人手里；害怕去爱，因为怕爱的结果是受到伤害；害怕付出，因为害怕付出后将永远失去……可是，要知道你的害怕并不能改变事实的存在，与其保守各种恐惧心理的煎熬，不如勇敢一点去面对，你会发现真的没有你想象中那么可怕！

怀疑自己处处不如人

怀有自卑情绪的人，往往遇事总是认为："我不行"、"这事我干不了"、"这个工作超过了我的能力范围"……其实，他还是没有试一试就给自己判了死刑。而实际上，只要他专注努力，他是能干好这件事的。认为别人都比自己强，自己处处不如人，这是一种病态心理的自卑。在实现愿望的过程中，这种心理是非常有害的。

伟大的哲学家苏格拉底在风烛残年之际，知道自己将不久于人世，就想考验和点化一下他平时看来很不错的助手。

他把助手叫到床前说："我的蜡所剩不多了，得找另一根蜡接着点下去，你明白我的意思吗？"

"明白，"那位助手说，"您的思想光辉是得很好地传承下去……"

"可是，"苏格拉底说，"我需要一位最优秀的传承者，他不但要有相当的智慧，还必须有坚定的信心和非凡的勇气……这样的人选直到目前我还未见到，你帮我寻找和发掘一位好吗？"

"好的，好的。"助手说，"我一定竭尽全力去寻找。"

那位忠诚而勤奋的助手，不辞辛劳地四处寻找。他领来了许多人，然而，苏格拉底都没看上。

助手再次无功而返，回到苏格拉底病床前时，苏格拉底已经病入膏肓了，他拉着那位助手的手说："真是辛苦你了，不过，你找来的那些人，其实还不如你……"

"我一定加倍努力，"助手恳切地说，"找遍城乡各地，找遍五湖四海，也要把最优秀的人选挖掘出来，举荐给您。"

苏格拉底笑笑，不再说话。

半年之后，苏格拉底眼看就要告别人世，最优秀的人还是没有找到。助手非常惭愧，泪流满面地坐在病床边，语气沉重地说："我真对不起您，让您失望了！"

"失望的是我，对不起的却是你自己。"苏格拉底说到这里，很失意地闭上眼睛，"本来，最优秀的人就是你自己，只是你不敢相信自己，才把自己给忽略、给耽误、给丢失了……其实，每个人都是最优秀的，差别就在于如何认识自己，如何发掘和重用自己……"

当受到外界压力或不被外界承认的时候，比如说：谈判时别人故意指出你一些很不重要的缺点，在公司有时出现冷嘲热讽，你是否对自己的能力提出怀疑呢？我们一次次地问自己："我可以吗？"然而每问一次都只会让自己更加的不确定。

 情绪驿站
QINGXUYIZHAN

事物本身并不影响人，人们只受对事物的看法影响。不要把自己想成一个失败者，而要尽量把自己当成一个赢家。人生来没有什么局限，无论男人或女人，每个人内心都有一个沉睡的巨人，那就是自信。

法国存在主义哲学大师、获得诺贝尔奖但拒绝领奖的萨特说："一个人想成为什么，他就会成为什么。"如果你认为自己被打倒了，那么你就真的被打倒了。如果你想赢，但是认为自己没有实力，那么你就一定不会赢，如果你认为自己会失败，那么你就一定会失败。

多数人的失败，都始于怀疑他们自己在想做的事情上的能力。所以，请相信自己，一定要相信自己。要有信心，要高高地抬起头，走路要脚步生风。只有这样，你才会活得开心，活得顺利，你的人生才会充满良好的情绪和不错的感觉。克服自卑，也是控制、调节情绪，提高气质技巧的一种重要手段。我们不能总是活在给自己限定好的区域内徘徊疑虑，告诉自己，当你下次再问自己"我可以吗"时，请一定把那个"吗"字去掉！

将所有的事情往坏处想

自我破坏类似于自暴自弃，这是一种自挫行为的体现，是一种想法、感觉和行动的累积，会对成功形成一种阻碍。人们因为达不到自己理想中的某种状态，而变得讨厌自己、害怕面对生活、将所有的事情往坏处想。下面是一些自我破坏的典型表现：

麦可是一位房地产销售员。他是个很棒的销售员，但是，如果他知道自己有笔生意就要完成时，恐惧会令他僵化，他经常因此失去顾客。

瑞秋两年前丢了工作，她经常独自一个人在家，她已经养成拔头发的习惯，这件事变得很严重，她的头皮有些地方经常是光秃秃的。

克里斯多福曾三度遇见自己的梦中佳人，他喜欢和异性来往，而且他是一个很罗曼蒂克的人。可是，每次事情开始认真起来，他就逃走了。

史蒂芬妮是个很有天分的艺术家，别人曾经给过她许多机会，但是她常常把重要的电话号码弄丢，或是没有准时赴重要的约会。她下了很大的决心要改，可是却一再做些事破坏自己的进步。

这四个人有什么样的共同点？他们全都会自我破坏。不健康的情绪常常会吸引我们，而且我们很容易拒绝别人的帮助。有自我破坏行为的人常常会认为一个有爱心、懂得帮助的伴侣很"无聊"，反而可能会选择不可靠、不值得信赖的人。许多确认有自我破坏行为的人也表示，会有自己不受尊重或自己不够好的感觉。还有一些人对真实的事件会有罪恶感，经常不能准时完成重要的工作。

自我破坏有许多方式，包括否定自己，或放弃基本的需求，如睡眠、适当的营养或运动；也有可能是为了赚钱或取悦他人而放弃自己的兴趣和梦想。一种常见的自我破坏行为方式，就是对自己进行言语上的羞辱。

　　让一些具有自我破坏意识的人写下自己常说的自我破坏的对话，我们会发现这样的内容："你就不能把事情做好吗？""你做不到。""为什么我那么笨、那么蠢、那么糟糕？""我不够聪明。""你永远都不会改变。你凭什么让你认为你会变得不一样？""你在欺骗自己。你是个傻瓜。"

　　他们对自己自我破坏行为的想法是："我本来就是个有缺陷的人。""没有人会对我说的话有兴趣。""我没有好到让别人喜欢我。""我的人生中不配有个大方、可爱的伴侣。"他们觉得虽然这些想法对别人说是很残酷的事，但是用在自己身上却是再真实不过了。

　　因为我们认为自己"不好"，便会以不好的方式对待自己。有些自我破坏的方式很明显，像是毫无节制的饮食、自惩式的暴力、抽烟、酗酒或其他的瘾。有些自我破坏的方式则不那么明显，或许你曾企图放纵自己大肆采购，或毫无节制地吃某种食物，唯有到发现自己超重或负债时，才会了解自己行为的后果。这些放纵有时候是为了掩饰自我破坏。

　　自我破坏行为的方式相当多。我们会想到许多方式来逃避改变，让自己停留在没有压力的状态下。即使改变是为了要更好，而且我们也想改变，真的改变就可能造成有压力的反应。想想看你自我破坏的行为有多少年了？多少年来你都告诉自己，我很蠢、很笨、很懒，或许你已经听过"你绝对成不了大器"这样的说法，而且还不断增强这句话的气势。这些信息让人很痛苦，我们愈是不断重复对自己说这些话，对这些话就愈是深信不疑。我们习惯了这些信息，接受这些信息，就会把它们当做事实。

第一章　哪些坏情绪左右了你

情绪驿站
QINGXUYIZHAN

　　我们的心是一栋住有长期房客的旧房子，由同一个房东管理了许多年。当我们决定要改变时，就像新房东通知每个人，改变的时间到了，新的改变是提高租金。可能大部分的房客会抗议这个改变，并表示他们希望维持原状。有时候我们的"房客"很坚持，而且很固执，我们会屈服于他们，但我们可以学习同拒绝改变的"房客"协调。许多自我破坏行为的方式都包括潜藏的恐惧、焦虑或是过分挑剔，这些个性特质都可以用自信的自我谈话、目标设定和持续一致、正确的行为来修正。

　　我们可以学习相信自己有能力、很能干、很好。当这一点成为事实时，自我破坏的行为就会减少。

承受着巨大的"成功"压力

在成长的过程中，我们每天都在往自己的肩上增加砝码，我们希望自己能够承担起越来越多的责任，我们希望获得认可和成功。

我们花了几年的时间让父母、老师、朋友、老板和同事快乐，这么做的同时，我们逐渐和真实的自我脱节。我们用真实的自我去换取"安全"和"社会可接受"的典范。许多人害怕冒可能要付出太高的成本之险，以为会承担不起。我们害怕改变，害怕动摇了我们工作的安全性，害怕任何人生气。除非我们的梦想是社会可以接受，而且在财务方面有利可图，否则我们很少听见像"跟着你的梦想走"这类的事，虽然金钱常常是事业计划的中心，而且别人会告诉我们，金钱可以让我们快乐。我们常常因为要去追逐那些用金钱换算成的成功，把自己压得喘不过气来。

人们会从各种渠道感受到压力。电视、杂志、电影和歌曲，全都教我们一些与成功相关的事，而且通常都和购买产品有关。我们时刻都接受社会的要求，要达到少数人才能达到的高标准。这些广告最后都会说："我现在不够好。为了要成为大家可以接受的人，我必须要改变。"

其实我们都对成功存在一个误区，我们不了解自己对成功的真正看法。你或许会发现自己有些想法是错误的。在我们的文化里，经常会把成功和金钱、奖励及成就画上等号。而要得到这些所谓的成功就要承受巨大的精神压力，可是最终我们会发现真正的成功人士只能是一小部分，我们为了成为众人眼中的那一小部分，而把自己搞得心力交瘁。

而且，许多我们认为成功的人都有自挫的想法，自我价值感也很低。《时代》杂志引述乌玛·瑟曼的话："我发现怪异的事会吸引我的注意力。"许多明星认为自己很丑，没有才华，而且还有自卑感。很多外表上看起来很成功的人，反而认为自己并没有成功的感觉，希望自己能做其他的事。

不论你认为自己是什么样的人，生活中所扮演的角色都限制了你。每个你所扮演的角色都带有一套规则和限制，对你来说，越是紧抓着自己的角色，就越有压力，就越难发挥出你真正的潜力。

举个例子来说。

南希是家中4个孩子里的大姐，她相当负责任，而且因为"很懂事"而得到许多赞美。南希很早就了解，愚蠢或幼稚并不为人所接受。在学校时，她很负责，每天都准时上学，而且会把所有的作业做完。当老师征求自愿的人时，她总是第一个举手，而且她从来都不缺席。

到了青少年时期，她觉得自己的责任感为自己带来许多压力，这些压力已经使她无法承受。所以她的性格来了180度的大转变，变得相当不负责任。有一小段时间，南希不上学，不帮忙做家事，而且吃药，她染上了一种药瘾。她把所有不好的事都藏在心里，甚至对治疗师都守口如瓶。

多年来，南希认为负责任这个角色很重要，这种想法限制了她。事实上，要负责任的重要性完全主导了南希的人生。只有当她允许自己减轻自己的期望，才能开始享受人生。当别人要求南希为自己定义时，她说："我一定准时，而且我说到做到。"南希常常会承诺去做她没有兴趣的事，因为她想做个负责的人。

可以说，南希是用理智来生活而不是用心来生活的人，因此她最后也毫无悬念地失去了自己的生活。

　　人们往往把压力等同于动力，可是不管从科学还是从生活的角度来讲，这一公式都不成立。因为在大多数情况下，压力不仅不能转化为动力，反而还会阻碍动力的发挥。很长时间以来，人们都生活在这种错误的观念之中，直到最近几年人们才意识到，过重的压力已经严重损害了人们的心理和身体健康。所以说，压力与动力之间没有任何必然的联系。当然，这不代表我们可以对自己对别人不负责任。一个人的责任感是衡量其品质的重要标准，没有责任心的人自然得不到社会和自己的认同。但是，我们也要知道，我们不能让责任成为压力，每个人肩上所担负的责任都很多，如果将它们统统视为压力，一个人是无论如何都走不远的！

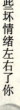

为了自己变成了一只刺猬

你有没有过这样一种体验：不愿意面对任何人，不愿意听他们对自己的任何评价，不愿意接近他们，整个人变得很敏感，一有任何风吹草动就会竖起全身的针刺准备防卫和反击。这时的你变成了一只不折不扣的刺猬，小心地防卫着，生怕受到一点伤害。

可是，我要说的是，当我们拒绝忠告、忽略问题，认为别人在挑剔我们时，自卫其实就变成了一种自我破坏。我们或许会拒绝检视有建设性的批评，因为我们把有建设性的批评当作攻击，而不是可能有助益的信息。这样我们就失去很多发展和成功的机会，甚至会失去那些真正爱护我们的朋友。史密斯先生的故事就是一个很好的例子。

史密斯的生意进展缓慢，因为任何时间，他的朋友或同事想要给他一些构想，他都把他们的好意视为羞辱，好像他们是在说他不知道自己在做什么似的。他拒绝别人的帮助，甚至认为那是对他的攻击。久而久之，他失去了朋友，生意更是毫无起色，他自己也陷入一种失落和痛苦的情绪当中。

史密斯无法摆脱自卫的心态，无法看到别人给他建议的潜在价值。有自卫心理就像戴了耳罩和眼罩一样，你无法真正听见任何人说的话，或看到他们做的事，你反而会以你自己的看法重新诠释别人的话。你处于警戒状态，以证明另一个人在和你对抗。

其实，大多数敌人正是我们自己造成的，如果我们不总是先忙着把自己的刺竖起来，做出一副要反击的样子，是很少有人会主动攻击我们的。

你有这样的体会吗？这个社会上有种人仿佛所有人都是他的敌人，对待别人总是凶巴巴的、恶狠狠的，或者从来就不将别人当人，只是当作他人生旅程上的一种工具。这种人不论他有多大本事，最终还是会遭到人们的厌恶。人应该用爱心友善地对待每一个人，这也正是成功者的人生准则。

有人说："这个世界就是一个生存竞争、弱肉强食的斗兽场，好心多半不得好报，好人往往吃亏。"

我们不否认，人性中最古老、最深切的禀赋本就是自私，那种幼稚的仁慈，天真的友爱，也许会使你处处碰壁。但友善绝不是叫你傻气，在深刻认识人性基础上的友爱正是使你受欢迎的一种方法。

有人会说："说道理，谁都会，但做起来却难。有些人你一看上去就讨厌，还怎么对他友善得起来？"

在这里介绍心理学中的一条原理：照镜子效应。

与人交往，常常会有这样的感觉，这人一眼看去就不错，与自己很投缘，果然大家谈得很好；而另外一些人一接触，感觉上讨厌，结果，真的格格不入。为此我们常在尽量庆幸自己感觉灵验。是否你真的感觉灵验呢？

其实，在与人打交道时，我们发现我们自己的待人态度会在别人对我们的态度中反射回来。如同你站在一面镜子前，你笑时，镜子里的人也笑；你皱眉，镜子里的人也皱眉；当你叫喊，镜子里的人也对你叫喊。如果你变成了一只刺猬，你认为别人还会用柔软的心来靠近你吗？

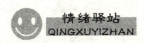
情绪驿站
QINGXUYIZHAN

心理学中有一条规律：我们对别人所表现出来的态度和行为，对方往往会做出同样方式的反应和回答。如果你事先就确认某人难以对付，那么你很可能会用多少带有敌意的方式去接近他，在心中握紧你的拳头战斗。其实当你这样做时，你简直就是设置了个舞台让他去表演，他也就被逼扮演了你为他设计好的角色。

　　敏感的心和不安全感让我们对别人充满防备和敌意，我们害怕受到伤害，于是摆出一副强势的姿态，可是这种姿态其实是很无力的，它只能将朋友吓跑，却不能击退强敌。世界真的不像我们想象中那样可怕，围绕在你身边的大都是可爱善良的人们，如果我们用芒刺针对他们，我们就会失去可以帮我们对抗真正敌人和困难的帮手。更可能使自己腹背受敌、四面楚歌，最后很可能陷入一种可怕的绝望当中。所以，好好想想，然后收起你的芒刺，对生活报以微笑吧！

目标定得过高而自己没有能力完成

　　你有没有想过，你到现在还没有取得一点点成绩的原因是什么？除了不够努力外，还有一种可能就是太高估自己，把目标定得过高而自己有没有能力完成呢？看看下面这个故事，也许我们能找到答案：

　　有两个年轻人一同去寻找工作，其中一个是英国人，另一个是犹太人。

　　他们怀着成功的愿望，寻找适合自己发展的机会。

　　有一天，当他们走在街上时，同时看到有一枚硬币躺在地上。英国青年看也不看就走了过去，犹太青年却激动地将它捡了起来。

　　英国青年对犹太青年的举动露出鄙夷之色：一枚硬币也捡，真没出息！

　　犹太青年望着远去的英国青年心中不免有些感慨：让钱白白地从身边溜走，真没出息！

　　后来，两个人同时进了一家公司。公司很小，工作很累，工资也低，英国青年不屑一顾地走了，而犹太青年却高兴地留了下来。

　　两年后，两人又在街上相遇，犹太青年已成了老板，而英国青年还在寻找工作。

　　英国青年对此不可理解，说："你这么没出息的人怎么能这么快地发了财呢？"犹太青年说："因为我不会像你那样绅士般地从一枚硬币旁边走过去，我会珍惜每一分钱。而你连一枚硬币都不要，怎么会发财呢？"

　　英国青年并非不在乎钱，他眼睛盯着的是大钱，而不是小钱，因为他觉得他能够挣到更多的钱，一枚硬币太过微乎其微了，这就是问题的答案。

任何一种成功都是从小的地方一点一滴积累起来的，如果我们看到美好的理想，先把自己摆在那个既定的高度，我们就不可能弯腰去拣那枚可以给我们带来真正财富的硬币。这种人对自身的期望值过高，而行动能力却有限，一旦达不到自己所期望的高度，很容易就会自暴自弃。

富翁家的狗在散步时跑丢了，于是他张贴了一则启事：有狗丢失，归还者，付酬金1万元。并附有小狗的一张画像。送狗者络绎不绝，但都不是富翁家的。富翁太太说，一定是真正捡狗的人嫌给的钱少，那可是一只纯正的爱尔兰名犬。于是富翁把酬金改为2万元。

一位乞丐在公园的躺椅上打盹时捡到了那只狗。乞丐没有及时地看到第一则启事，当他知道送回这只小狗可以拿到2万元时，乞丐真是兴奋极了，他这辈子也没交过这种好运。

乞丐第二天一大早就抱着狗准备去领那2万酬金。当他经过一家大百货公司时，又看到了一则启事，并且赏金已变成3万元。乞丐驻足想了一会儿，赏金增长的速度倒挺快，这狗到底能值多少钱呢？他改变了主意，又折回他的破窑洞，把狗重新拴在那儿，第四天，悬赏额果然又涨了。

在接下来的几天时间里，乞丐没有离开过告示牌，当酬金涨到使全城的市民都感到惊讶时，乞丐终于返回了他的窑洞。

可是那只狗已经死了，因为这只狗在富翁家吃的是鲜牛奶和烧牛肉，对这位乞丐从垃圾筒里捡来的东西根本"享受"不了。

乞丐不渴望财富吗？当然渴望，但是他没有抓住得到财富的机遇，他总是以为自己应该能够得到更多。正是这种想法使财富从身边溜走了。如果我们也像故事中的乞丐那样期望过高，成功就会变得遥遥无期！

　　中国人常说，人贵有自知之明。这实际上是说，社会生活中的每个人都应当对自己的素质、潜能、特长、缺陷、经验等各种基本要素有一个清醒的认识，对自己在社会工作生活中可能扮演的角色有一个明确的定位。心理学上把这种有自知之明的能力称为"自觉"，这通常包括察觉自己的情绪对言行的影响，了解并正确评估自己的资质、能力与局限，相信自己的价值和能力等几个方面。对自己判断过高的人往往容易浮躁、冒进，不善于和他人合作，在事业遭到挫折时心理落差较大，难以平静地对待客观事实，进而失去获得成功的机会。请记住，你把事情看得过于简单是因为你把自己想得过于能干。

第一章　哪些坏情绪左右了你

心情被拖延拖延了

很多人都有拖延的毛病，因为有时候恐惧的压力很大，我们认为自己就要死了。我们认为，如果我们把自己害怕的事拖延到稍后再做，或许会鼓起勇气。

然而事实上，排除做某件事的恐惧，唯一的方法就是去做。"我等一下会去做。"这样的话你说了多少次？马上做有什么不可以？你今天可以做一点小小的改变吗？你可以打个电话，写封信，或把你堆在桌上那一大堆的东西清掉一些吗？如果你每天都做一点，最后你会把自己想做的事做完；如果你什么都不做，永远都不会看到改变。通常我们拖延的理由有以下几种。

（1）等事情自己完成。我们也许发现了这一情况：有些情况随着时间过去，自然就会有结果。然而事情常常是，如果我们等着情况自然有结果，这其实是故意想置身事外。被动等待改变是一种等着受苦或失望的方法。

拖延的信条是：我的时间多的是，可以等到明天再说。

可是，如此你需要等待多久？1个星期、1个月、1年、20年还是50年？等待并不是一个令人享受的过程，因为你不知道自己要等多久，不知道事情的结果是否是你想要的那样。这种完全被动的行为会使等待成为一种煎熬。

（2）太忙了，没时间。你是不是把时间浪费在没有意义的工作上，而把重要的工作放着不做？你是不是"太忙"而没有做家庭作业，没有打扫房子，没有运动，没有到支持团体去，没有去找一份新工作，而是坐着看电视、整天睡觉、在电话上东拉西扯，或是整理乱七八糟的抽屉？我们常常因为无关紧要的事情忙碌着，重要的事情就在无形中被拖延了。也有可能这种拖延是你故意的，因为你不愿意去面对它而给自己找了诸多借口。

可是，问题是它依然摆在那里，你迟早都是要面对的。

（3）出于完美主义的想法。完美主义的论调要求的是，我要把全部做完，现在就做，而且要做对。有时候我们会把一项企划案往后延，延到我们可以把它做完，把它做对为止，其实永远也不会有那种时候。

当我们一直把某件事拖延到明天时，我们可能会让自己没有退路，必须匆匆忙忙把事情做完。一般说来，匆匆忙忙完成的事不会像逐步完成的事那么完整，或那么圆满。

人不可能到最后的时刻一下子将事情做到完美，因为任何事情都需要一个步骤一个步骤地去完成。将事情拖到最后的结果是，我们已经没有时间去将它做得更好，于是草草收场，结果自然事与愿违。

（4）想做的都是与目标无关的事。你是不是没有把时间用在努力朝自己的目标前进，而是打破自己的承诺，为的是做一些比较不重要的事？时间是不是趁你不注意时"悄悄溜走"？了解自己在不断逃避生活上的进步，你就可以为将来做新的选择。

每次你想要读书就觉得很想吃东西，或该写小说时又很想打电话，这些事情让你不能专心去做你该做的事，最终造成了它的拖延。

情绪驿站
QINGXUYIZHAN

本杰明·狄斯拉理说："行动也许不一定会带来快乐；但是没有行动就绝没有快乐。"如果你还沉浸在不快乐的氛围里不能自拔，那是因为你的心情被你的拖延影响了。因为拖延对事情的解决没有什么好处，甚至只能使事情变得更糟，以至于最后无法收拾。如果真的到了那一步才想要采取什么措施，都可能已经无法弥补了！

情感逃避成了习惯

逃避永远不能解决问题，相反，当你习惯逃避时，你会错失很多重要的信息，也会因此而影响你的情绪。

露辛达习惯幻想未来的计划，以致错失学校教授和老板指导和指示的重点，因为她不专心。这种习惯破坏了她成功的机会，因为她误会了老板的指示，没有把事情做对，要不就是根本没有做；因为这样，她在学校没有机会拿到好成绩，在工作上也得不到升迁。

当你的情感逃避时，你就是让自己错失活着的感觉，还有错失和别人建立亲密关系的机会。比如想和家人亲近一点，但又会有点不自在，当这种情绪出现时，我们就离开房间或打开电视。这些举动反而促使我们无法获得渴望的亲密关系。

把事情记下来，并保有一本日记可以帮助你确认你的行动，了解阻碍自己的情绪，让你把感情表达出来，观察自己进步的情况。逃避行为通常有以下几种表现。

（1）改变话题。如果有人说了让你觉得不自在的事，那么，请假装没听见。或者改变话题，这样你就不需要应付直接面对那件事所产生的不自在感觉。改变话题并不会改变情况和事情，只是把事情缓一缓，让事情变得越来越严重。问题得不到妥善的解决，很多时候就会在心里产生阴影，随着阴影的不断扩散，我们的心理也会越来越敏感，越来越脆弱。

（2）身体上的病痛。有些人在幼儿园时就知道，如果我们跟爸妈说肚子痛，爸妈就会很关心我们。有时候我们想留在家里，唯一的方法就是生病。这样我们就可以逃避讨厌的考试，或是逃避向我们要钱的校园恶霸。问问自己，是否生病都有一贯性或固定的模式？如果你在重要的活动之前不断生病，然后以生病作为不参加活动的借口，身体上的病痛可能就是一种逃避现实的方式。

身体上的病痛变成抗拒的方式并不容易看出来，因为大部分的人真的生病了，而且还有生理上的症状可以证明。心的力量相当大，在某些个案上，自我谈话会制造疾病，也会制造疗法。如果你每次在面对一份工作或学校期末考试时生病，那么或许该看看自己是不是以身体上的病痛进行逃避。很多学生承认，他们在考试之前就会生病，考试完了病就"奇迹式"地痊愈了。似乎他们是以生病来逃避考试，特别是因为他们在有压力的活动结束之后就复原了。

（3）分心。你和别人谈话时是否会不看对方，以逃避自己的感觉或恐惧？当某件重要的事被提及时，你的眼睛是否会在房间四处飘来飘去？逃避他人是错失重要信息的一个方式。如果你在对话中不能保持专心，并敞开心胸，你就永远不会知道自己会错失什么，那些信息也许对你而言是至关重要的。

（4）离开。这个模式和改变话题很相似。让我们有压力的事发生了，与其开诚布公地沟通，我们宁愿选择离开。离开并不会让问题消失，只是把事情缓一阵子，可能还会让事情变得更严重。比如你感觉参加某种聚会很不自在，那么一有机会你就会到洗手间去，事实上也许你并不是真的想上洗手间，只是为了避免亲近任何想找你聊天的人。如果你已经训练自己，以逃到另一个房间的方式来面对不自在的情况，你可能会跟大家的距离越来越疏远，甚至会产生隔阂。

（5）坚持目标。有些逃避的行为是把自己孤立起来，或什么都不说，这样做只会让问题比原来的情况更为严重。隐藏自己的目标可能会让我们更容易将目标延后，因为我们认为，如果我们没有贯彻自己的目标，没有人会知道。而这样一来，我们也因为缺少了监督机制，而使自己的目标常常成为空想和泡影。

（6）间接沟通。间接沟通会有几种结果。如果你没有表明自己的立场，别人可能无法了解你。或许有人会以为他们了解你的意思采取行动，然而结果更让你感到失望，进而认为一切都是别人的错。

情绪驿站
QINGXUYIZHAN

你是否意识到自己也有上述的逃避行为，你知道逃避不是办法，可是就是无法强迫自己去勇敢面对，这让你的内心十分痛苦。其实，面对并没有我们想象的那么难，我们必须时刻提醒自己，逃避永远不是解决问题的办法。如果无力完成我们可以寻求帮助，朋友和家人是支持的来源，帮助我们度过困难的时光，帮助我们一起去解决问题。无论何时，请记住下面的话：行动不一定每次都带来幸运，但是坐而不行，则一定不会有幸运可言。

第二章

怎样摆脱坏情绪的纠缠

现代社会中生存的人们，或多或少都会有一些心理的问题需要解决，甚至很大一部分人的心理处境是非常艰难的，人们需要走出那个让自己沮丧的阴霾去面对新的生活，所以每个人都需要心理医生的指导。如果你不愿意走进诊所，那么希望在这里能给你带来帮助。

给心灵打开一扇天窗

詹波斯基在他的一本书中描述，如果我们不愿意突破，会发生这样的事："心会想到一部部与过去经验有关的动画影片，这些影像不仅彼此重叠，而且还会叠在我们体验现在的镜头上。因此，我们一直无法真正看到或听到实际的状况。我们透过大量覆盖在现在的变形旧记忆上，看到现在的片段。"有时候，我们对生活的看法会曲解事实，以配合我们的世界观。例如，如果我们认为："我永远得不到那份工作。"或是："这位老板不喜欢我。"我们可能会误解或曲解这位未来老板的话，以证明自己是对的。

例如，未来的老板通常会说："我还有几个人要面谈，一个星期后我会给你消息。"如果我们透过负面想法的镜头来看这句话，我们可能会说："看，我就知道他不会喜欢我。"但常常是，如果你再打电话过来，老板就会把那份工作给你。如果你觉得很有自信，你可能会说："我可以一个星期后打电话来吗？"而不会把"我一个星期后会打电话进来"当作是冒犯的人，将会得到这份工作，因为这样的人会坚持到底。他们心里也不会痛苦地挣扎为什么别人不喜欢他们，或害怕自己永远找不到工作。

如果你想清清楚楚地看每一天，而且愿意坦然接受每一天所给你的机会，你必须先清除蒙蔽视线的负面想法。写日记或是安静下来可以帮助你确认部分想法，当你写日记或安静时，确定要使用发现潜意识信念练习，并以肯定句来取代负面和不想要的想法。

如果我们想拓展自己的生活，必须面对的挑战就是拓展自己的想法。即使我们的梦想看起来似乎不合逻辑、没有可能性，即使别人告诉我们，我们无法完成自己的梦想，我们也必须采取行动，孤军奋斗。冒险的意思是做一些特别的、花钱的、新的和令人兴奋的事。这一点或许令人害怕，但我们常常会发现，唯一限制我们生活的就是自己的想法。有一天我们可能会很惊异，自己竟然会认为那些限制很重要。

杰克和约翰兄弟两人住在阁楼上，由于年久失修，卧室的窗户只能整天密闭着。厚厚的布满灰尘的窗户遮住了阳光，整个屋子十分阴暗。

兄弟俩看见外面灿烂的阳光觉得十分羡慕，于是就商量说："我们可以一起把外面的阳光扫一点进来。"于是就拿着扫帚和簸箕，到阳台去扫阳光了。

他们很用心地将照在地上的阳光扫进簸箕里，然后又小心翼翼地搬进阁楼，可是一进楼梯口的黑暗处，阳光就没有了。但是他们并没有放弃，而是一而再再而三地扫，小心翼翼地搬，但依然是徒劳，屋内还是没有阳光。

"为什么我这样努力都无法将阳光运到屋子里呢？"这个问题让他们困惑不已。

正在厨房忙碌的母亲看见他们奇怪的举动，问道："你们在做什么？"

他们回答说："房间里太暗了，我们要扫点阳光进来。"

母亲笑道："只要把窗户打开，阳光自然会进来，何必去扫呢？"

人心也是如此，热情的阳光并不需要刻意地去扫，只要将心门向外开启即可。每次你告诉自己，你做不到某件事，或"那是不可能的事"时，就像一扇钢门把你富有创意的心关了起来。当你肯把封闭的心门敞开，虽然只露出一点缝儿，你也可以立即感受到无穷的光明和温暖。

情绪驿站
QINGXUYIZHAN

　　每个人的心灵都有一扇天窗，很多时候我们为了所谓的自我保护，而将那扇窗户关得死死的，我们以为这样就可以免受伤害，可谁知道自己的心灵却因此发霉了。所有的人都需要给自己的心灵晒晒太阳，而无论阳光多么伟大，它都没有办法照进一个密闭的房间，所以，要想让心灵接受阳光的温暖，那么就请先为它打开一扇天窗。

从失败的阴霾中走出来

决定成功与否的关键因素是一个人如何对待失败。而对待失败最好的方法就是忘记失败，能够从失败的阴霾中走出的人必定会取得巨大的成功。

任何希望成功的人必须有永不言败的决心，并找到战胜失败、继续前进的法宝。不然，失败必然导致失望，而失望就会使人一蹶不振。

有些人之所以害怕失败，是因为他们害怕失去自信心，他们试图将自己置于万无一失的位置。不幸的是，这种态度也把他们困在一个不可能做出什么杰出成就的位置。

还有的人惧怕失败，是因为他们害怕失去第二次机会。在他们看来，万一失败了，就再也得不到第二个争取成功的机会了。如果这些人都知道，多少著名的成功人士开头都曾失败过，就会给他们增添希望。

艾柯卡曾任职世界汽车行业的领头羊福特公司。由于其卓越的经营才能，地位节节高升，直至坐到福特公司的总裁位置。

然而，就在他的事业如日中天的时候，福特公司的老板福特二世却出人意料地解除了艾柯卡的职务，原因很简单，因为艾柯卡在福特公司的声望和地位已经超越了福特二世，所以他担心自己的公司有朝一日会改姓为"艾柯卡"。

此时的艾柯卡可谓是步入了人生的低谷，他坐在不足十平方米的小办公室里思绪良久，终于毅然而果断地下了决心：离开福特公司。

在离开福特公司之后，有很多家世界著名企业的头目都曾拜访过他，希望他能重新出山，但均被艾柯卡婉言谢绝了。因为他心中有了一个目标，那就是"从哪里跌倒的，就要从哪里爬起来"。

　　他最终选择了美国第三大汽车公司——克莱斯勒公司，这不仅因为克莱斯勒公司的老板曾经"三顾茅庐"，更重要的原因是此时的克莱斯勒已是千疮百孔，濒临倒闭。他要向福特二世和所有人证明：我艾柯卡不是一个失败者！

　　入主克莱斯勒之后的艾柯卡，进行了大刀阔斧的整顿和改革，终于带领克莱斯勒走出了破产的边缘。艾柯卡拯救克莱斯勒已经成为一个著名的商业案例。

　　决定成功与否的关键因素是一个人如何对待失败。如果你的内心认为自己失败了，那你就永远地失败了。

　　诺尔曼·文森特·皮尔说："确信自己被打败了，而且长时间有这种失败感，那失败可能变成事实。"而如果你不承认失败，只认为是人生一时的挫折，那你就会有成功的一天。

　　亨利·福特说："失败不过是一个更明智的重新开始的机会。"福特本人也有过失败的直接体验。他头两次涉足汽车工业时，以破产失败而告终，但第三次他成功了。福特汽车公司至今仍然充满活力，仍是世界最大的汽车生产厂家之一。

　　另一个有名的"失败"故事的主人公是个年轻人。他的梦想是进入美国西点军校，毕业后服务于国家。他两次报考均未被录取，第三次报考时终于如愿以偿。这个年轻人就是道格拉斯·麦克阿瑟。后来他成为美国最高级将领之一，在第二次世界大战期间担任太平洋战区盟军总司令。就像亨利·福特所说的一样，他从来没有放弃。

　　没有人一生从不失败。这话听起来实在太简单，却是至理名言。未曾失败的人恐怕也未曾成功过。挫折其实就是迈向成功所应缴的学费。事实上，成功仅代表了你工作的1%，成功是99%失败的结果。能够及时调整自己的心态，从失败的阴影中走出来的人，本身就是一种成功。如果你不想让别人总是以一种同情的目光看着你，你就必须下定决心让自己站起来！

　　正所谓"世上没有绝望的处境，只有对处境绝望的人"。如果你明知道坦途就在前方，那么又何必为了一些小障碍而不走路呢？

为自己有强劲的对手而庆幸

加拿大有一位享有盛名的长跑教练，由于在很短的时间内培养出好几名长跑冠军，所以很多人都向他探询训练秘密。谁也没有想到，他成功的秘密仅在于神奇的陪练，而这个陪练不是一个人，是几只凶猛的狼。

因为这位教练给队员训练的是长跑，所以他一直要求队员们从家里出发时一定不要借助任何交通工具，必须自己一路跑来，作为每天训练的第一课。有一个队员每天都是最后一个到，而他的家并不是最远的。教练甚至想告诉他改行去干别的，不要在这里浪费时间了。

但是突然有一天，这个队员竟然比其他人早到了20分钟，教练知道他离家的时间，算了一下，他惊奇地发现，这个队员今天的速度几乎可以打破世界纪录。他见到这个队员的时候，这个队员正气喘吁吁地向他的队友们描述着今天的遭遇。

原来，在离家不久经过一段五公里的野地时，他遇到了一只野狼。那野狼在后面拼命地追他，他在前面拼命地跑，最后那只野狼竟被他给甩下了。

教练明白了，今天这个队员超常发挥是因为一只野狼，他有了一个可怕的敌人，这个敌人使他把自己所有的潜能都发挥了出来。

从此，这个教练聘请了一个驯兽师，并找来几只狼，每当训练的时候，便把狼放开。没过多长时间，队员的成绩都有了大幅度的提高。

人的一生会遇到各种各样不同的对手。在学校的时候，总是有人成绩在你之上，或者你稍有懈怠就会被别人超过；等到了社会中，你身在职场，总是有些人比你出色，比你更能得到老板的信任，比你更精通专业知识和技能；好不容易有了自己的事业，却发现同行业中存在着那些可以吞并你的公司……

"对手"远远不止这些，你可能会面临可以把你置于万劫不复的深渊的打击、挫折，甚至是死神。但是，你没有必要憎恨或者抱怨你强劲的"对手"！若仔细回想一下你就会发现，真正促使你进步、成功的，真正激励你昂首阔步向前的，不单是你自己的能力和顺境，不单是朋友和亲人的鼓励，更多的时候，是你的"对手"激发了你的潜能，促使你不断进步。

一位动物学家对生活在非洲大草原奥兰治河两岸的羚羊群进行过研究。他发现东岸羚羊群的繁殖能力比西岸的强，奔跑速度也比西岸的羚羊每分钟快13米。而这些羚羊的生存环境和属类都是相同的，饲料来源也一样。

于是，他在东西两岸各捉了10只羚羊，把它们送往对岸。结果，运到东岸的10只羚羊一年后繁殖到14只，运到西岸的10只变得懒惰安逸，致使体弱多病，最终只剩下了3只。

最后的结果表示：东岸的羚羊之所以强健，是因为在它们附近生活着一个狼群，西岸的羚羊之所以弱小，正是因为缺少了这么一群天敌。

没有天敌的动物往往最先灭绝，有天敌的动物则会逐步繁衍壮大。大自然中的这一现象在人类社会也同样存在。敌人的力量会让一个人发挥出巨大的潜能，创造出惊人的成绩，尤其是当敌人强劲到足以威胁你生命的时候。

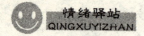

情绪驿站
QINGXUYIZHAN

一位名人曾说："重视你的敌人，因为他们最先发现你的错误。"的确，很多时候，你的敌人所给你的东西往往比你的朋友给你的还要珍贵。但是生活中的许多人并未能认识到这一点，他们总在诅咒自己的敌人，或者因为自己遇到了对手而失魂落魄、无所适从。其实我们应该为自己有一个强劲的对手而庆幸，为自己遇到的艰难境遇而庆幸，因为这正是我们脱颖而出的机会。我们完全没必要去痛恨敌人，因为正是他们使我们变得伟大和杰出。

以主要精力找出自己的闪光点

一位画家把自己的一幅佳作送到画廊里展出，他别出心裁地放了一支笔，并附言："观赏者如果认为这画有欠佳之处，请在画上做上记号。"结果画面上标满了记号，几乎没有一处不被指责。过了几日，这位画家又画了一张同样的画拿去展出，不过这次附言与上次不同，他请观赏者将他们最为欣赏的妙笔都标上记号。当他再取回画时，看到画面又被涂满了记号，原先被指责的地方，却都换上了赞美的标记。

世界上每个人看事情的角度是不一样的，所以绝不要企求得到每一个人的赞扬。画家的事迹，就是很好的说明。如果画家在受到指责之后，沮丧不已，认为自己不行，他可能就此消沉下去，没有信心再继续从事美术创作了。

江山易改，本性难移。一个人花在弥补缺点、克服弱点上的时间所产生的效益，要比花在发挥优势上的时间所产生的效益低得多。

假如你是一个比较木讷的人，不善于在大庭广众之下说话，但是你比较敏锐，对周围形势的判断比较准确，善于抓住对方的心理。如果你把时间和精力用在改变和克服说话木讷上面，可能今天还在为克服不了这方面的弱点而感到自卑呢，哪还有心思来干自己的事业呢？

对自己的缺点、劣势、弱点要尽量地忽略，而那些优点则要用放大镜来看。所以，一定要发挥自己的优势，着力在如何发挥自己的优势上下工夫，最大限度地发挥自己的优势，也即最大化地创造自己的价值。

第二章 怎样摆脱坏情绪的纠缠

对于所谓的缺点、劣势、弱点，应该想办法避免，而不是想着怎样克服和弥补。

奥托·瓦拉赫是诺贝尔化学奖获得者，他的成长过程说明：一个人要想成功，一定要找到自己的优势，并最大限度地发挥自己的优势。

在开始读中学时，父母为他选择的是一条文学之路。不料，一个学期下来，老师为他写下了这样的评语："瓦拉赫很用功，但过分拘泥，这样的人绝不可能在文学上有所成就。"

父母只好尊重儿子的意见，让他改学油画。可瓦拉赫既不关心构图，又不会润色，对艺术的理解力也不强，成绩在班上倒数第一。老师的评语更是令人难以接受："你是绘画艺术上不可造就之才。"

面对如此"笨拙"的学生，大部分老师认为他成才无望。只有化学老师认为他做事一丝不苟，具备做好化学试验应有的品质，建议他学化学。于是，瓦拉赫智慧的火花一下子被点燃，在同学当中遥遥领先……

瓦拉赫的成功，说明了人的智能发展不是均衡的，都有强点和弱点。一个人一旦找到自己智能的最佳点，便可能取得惊人的成绩。所以，一定要想方设法发挥自己的优势，而不是全力弥补自己的劣势。

情绪驿站 QINGXUYIZHAN

大家都知道，一个人的弱点或者说缺点，就像物理学上的位置变化一样，是一个相对的概念，即是相对于不同的参照系而言的：从这个角度来说是缺点；而从另外一个角度来看，则可能是优点。所以说，每个人都有自己的闪光点，你之所以没有发现是因为你看的角度有问题，或者是因为你把精力都放在了弥补缺点上，或者发挥错了方向。一个人如果能知道自己的闪光点在哪里，就能最大限度地发挥它，使它照亮自己的人生。所以，别再盯着你的缺点自卑了，发挥你的优势，你很快就会发现你的与众不同和非凡魅力。

在反省中认识和超越自我

　　自省是自我动机与行为的审视与反思，用以清理和克服自身缺陷，以达到心理上的健康完善。它是自我净化心灵的一种手段，情商高的人最善于通过自省来了解自我。

　　从心理上看，自省所寻求的是健康积极的情感、坚强的意志和成熟的个性。它同自满、自傲、自负相对立，也根本不同于自悔、自卑这种消极病态的心理。它要求消除自卑、自满、自私和自弃，消除愤怒等消极情绪，增强自尊、自信、自主和自强，培养良好的心理品质。因此，自省是现实的，是积极有为的心理，是人格上的自我认知、调节和完善。

　　而且，懂得自我反省的人会勇于承认或许是自己搞错了，这样就能避免争论，并且可以使对方像你一样变得宽容，承认他自己也可能会搞错。

　　西奥多·罗斯福刚就任美国总统时说过，他对自己决策正确率的最高希望是75％。像罗斯福这样的世纪伟人也不过如此，那我们又如何呢？假如你有55％的正确率，就可以到华尔街证券市场每天赚100万美元了；假如你没有，就不要肯定是别人错了。

　　詹姆斯·哈维·罗宾逊教授所著的《下决心的过程》中有这样一段话：

　　有时我们会在充满宽容、谅解、热情的氛围下，改变自己的想法。但如果有人直接指出我们错了，我们就会生气，并且更加固执。我们的一些想法可能是没有根据的，可是，如果有人反对我们的想法，我们就会全力地维护它。这时我们努力维护的，不仅是我们的想法，更主要的是我们的自尊心。

"我的"这个简单的词语，在为人处世中要特别注意，而用好这个词是需要智慧的。不管说"我的"晚餐、"我的"狗、"我的"房子、"我的"父亲、"我的"国家还是"我的"上帝，都具备一样的效力。我们不仅不喜欢说"我的表不准"，或"我的车太破"，也厌恶别人指出我们关于任何常识性问题的错误。

有一个人整日埋怨生活不顺利，好像不如意的事都发生在他的身上。他说："这都是命运之神在捉弄我。"命运之神听到了，便来找他说："其实这与我没有关系，只是你忘记了生活中一个重要的环节，抓住了这个环节，你就会事事如意。"

那人请教命运之神是什么环节，命运之神说："把反省自己当成每日的功课。"

这话好像是十足的老师的口吻。事实上，这句话价值连城，你如果能认真地实践，保证受益匪浅。

为什么要反省？因为人不是完美的，总存在着个性上的缺陷、智慧上的不足，而年轻人更缺乏社会磨炼，因此常会说错话、做错事、得罪人。你所做的一切，有时候旁人会提醒你，但绝大部分人看到你做错事、说错话、得罪人时会袖手旁观，因此你必须通过反省才能了解自己的所作所为。

每日反省能修正你为人处世的方法，让你有更明确的方向，而且，它不花你一分钱！反省你每日的行动和思想，避免自己在人生道路上偏离方向。

反省自己对每一个人来说都是严峻的。要做到真正认识自己，客观而中肯地评价自己，常常比正确地认识和评价别人要困难得多。能够自省自察的人，是有大智大勇的人。

强者在自省中认识自我，在自省中超越自我。反省自己是促使强者塑造良好心理品质的内在动力。哲学家亚里士多德认为，对自己的了解不仅仅是最困难的事情，而且也是最残酷的事情。

　　心平气和地对他人、对外界事物进行客观的分析评判，这不难做到。但当这把手术刀伸向自己的时候，就未必让人心平气和、不偏不倚了。然而，反省自己是自我超越的根本前提。要超越现实水平上的自我，必须首先坦白诚实地面对自己，对自身的优缺点有个正确的认识。

情绪驿站 QINGXUYIZHAN

　　在人生道路上，成功者无不经历过几番蜕变。蜕变的过程，也就是自我意识提高、自我觉醒和自我完善的过程。

　　人的成长就是不断地蜕变，不断地进行自我认识和自我改造。对自己认识得越准确越深刻，取得成功的可能性就越大。

　　任何只停留在外表的修饰美化，如改变口才、风度、衣着等，都无法使人真正得到成长。要彻底改变旧我，要成长为一个真正的人，必须有一颗坚强的心，来支撑着你去经历更高层次的蜕变。反省自己有助于真正认识自己，它是一面清澈的镜子，可以照见自己心灵上的污点。看到污点并将其及时清除掉，你就能成就一个崭新的自我。

拿出勇气积极迈出第一步

　　每一个成功者都有一个开始。再长的路，一步步也能走完，再短的路，不迈开双脚也无法到达。勇于开始，才能找到成功的路。

　　我们的生活状态之所以长久都没有改善，是因为我们自己活在自认为安逸的小世界里不肯出来，故步自封短时间之内固然没有什么危险，可是对于长久的人生来说却蕴藏着巨大的危机，生命是需要不断变化才能保持长久新鲜和不断进步的。只有勇敢地迈出第一步才能完成最终的转变，才能获得转机和新生，不去勇敢地奋力一搏，我们又如何知道自己的能量会多么惊人呢?

　　许多成功人士并不一定比你"能"，而在于他比你"敢"，要有勇气去做，才能看得到未来。

　　在一个动物园，饲养员每天都要喂一大盆肉给大蟒蛇吃。有一天，饲养员突然想看看给大蟒蛇吃鸡会是什么样子。于是他就把一只活鸡关到大蟒蛇的笼子里。

　　这只鸡突然遭遇这飞来横祸，可什么办法也没有，因为现在已被关进大蟒蛇的笼子里了。可它一想，反正是一死，干吗要坐着等死呀，也许搏斗一番还有活命的机会呢。这样想着，它就使劲地飞起，狠狠地对着大蟒蛇猛啄起来。大蟒蛇被这突如其来的猛攻弄得措手不及，被啄得眼睛都睁不开了，根本没有还手之力。一个小时以后，大蟒蛇终于被这只小鸡啄死了。第二天，饲养员进来一看这情景，很吃惊，他被小鸡的勇敢感动了，最后把这只鸡放走了。

　　勇气的力量有时会使你成为超人，这就是勇气的力量。有勇气的人是不会输掉的，因为任何人都无法让永不认输的人屈服。

　　相反，如果我们畏首畏尾，那么遇到上述那种场合，你只能做一只让大蟒蛇吃掉的小鸡了。当然为了成功，我们是必须作出一些牺牲的。这同样需要勇气，要敢于放弃，敢于"舍得"。

　　登上《福布斯》中国富豪榜个人资产总计达到83亿元的希望集团刘氏兄弟在最初创业时，个个都不缺乏野心和雄心。与一般的创业者不同，刘氏兄弟一开始就悟透了"舍得"二字。

　　运气偏爱勇敢的人。

　　刘氏四兄弟刘永言、刘永行、刘永美、刘永好，本来都在国家企事业单位，都有一份好工作。老大刘永言在成都906计算机所工作，老二刘永行从事电子设备的设计维修，老三刘永美在县农业局当干部，最小的兄弟刘永好在省机械工业管理干部学校任教。

　　他们没有像大多数创业者那样脚踏两只船，随时做着创业失败后洗脚上岸的准备。他们将自己置之死地而后生，所以能够勇往直前，从孵小鸡、养鹌鹑开始，根据实际情况随时扩张创业项目，一直发展到搞饲料、搞电子、房地产、金融和资本运作，多角经营，多管齐下，终成大业。尤为难能可贵的是，刘氏兄弟在家族企业做大以后，当兄弟之间在企业发展方向上意见相左时，能够平稳地进行产权分割，完成和平过渡，没有伤到企业元气，留下了企业进一步做大的空间。

　　有舍才有得，没有勇气舍掉的人，是难于得到的。舍掉的勇气与得到的成功是成正比例关系的。刘氏四兄弟在当时都有着很好的工作，如果他们满足于这些而不敢舍得，那恐怕就没有今天的辉煌成就了。

第二章　怎样摆脱坏情绪的纠缠

很多时候，我们知道自己应该去做某一件事情，我们深刻地知道自己的状态急需改善，可是我们却又在不停地逃避和躲闪，我们为自己不敢面对现实寻找这样那样的借口。

你需要更多的钱和更多时间吗？你需要高学位或苗条的身材吗？不论你的借口是什么，摆脱这些借口对你敞开心胸来作改变是很重要的。打开心胸迎接新的机会，肯定地对自己说："我现在做这件事是有可能的。"你不需要相信，只要每天对自己说这句话，勇敢地去尝试改变，你会惊讶所看到的结果。

当你把注意力集中在一个新的想法上时，就有可能了解自己之前忽略的机会，因为你当时是那么执著于自己的借口。即使我们周遭有许多事情和我们的想法不一致，等着我们去注意，但我们却常常只注意到和我们之前想法吻合的事实。

或许你会有这样的借口：我太老、太年轻、太胖、太瘦、太矮、太高、太懒、太坚强、太软弱、太笨、太聪明、太穷、太无用或太严肃等等。如果你认为上述借口当中有一个适用于你，那么请开始寻找例外的情况，挑战自己。洁西卡·坦地赢得第一座奥斯卡金像奖时已经八十多岁了。

成功人士的自传，记载的都是奋斗、受虐和破产的故事，成功的人通往成功的路途并非一路顺畅，是他们克服了障碍，没有把这些障碍当成借口。成功是如此，任何事情都是如此，面对人生的困境，无论是现实的还是心理的，只要我们选择去勇敢地面对，拿出勇气积极迈出第一步，勇往直前地走下去，很快我们就会发现一个完全不同的自己！

真的错了就坦诚认错

无论你如何聪明，今后都会不可避免地犯各种各样的错误。

人犯了错，一般有两种反应，一种是死不认错，而且还极力辩白，这是可以理解的，因为这是人的一种本能，怕认了错，面子就保不住。另一种反应就是坦诚认错。

一天，有个人的狗在公园肆意乱窜，遭到管理员的训斥。很长时间后，那人又放开了自己的狗，又被管理员看见了。

他立刻笑着说道："我错了，很抱歉，您就处理吧！"

这么一说，那位管理员的口气反倒平和了下来："这地方空旷，也难怪你会让它自由一下。"

你知道管理员为什么会原谅他吗？不错，正是因为那个人能坦诚认错。

死不认错的好处是可能不用承担错误的后果，就算要承担，也因为把其他人拖下水而分散了责任，这就是为什么就算证据明明摆在眼前，还有人死不认错的道理。如果你犯的是大错，那么此错必定人尽皆知，你的狡辩只是此地无银三百两，让人对你心生嫌恶罢了。如果所犯的错证据确凿，你虽然狡辩功夫一流，但责任还是逃不掉，那又何苦呢？如果你犯的只是小错，用狡辩去换取别人对你的嫌恶，那更不划算。

我们应该知道，当我们免不了会受到责备的时候，不如抢先认罪，自己责怪自己总比受别人责备要好。

当你知道有人想责备你的时候，就先把对方的话说出来，那他就拿你没办法了。他会宽宏大量地原谅你的过错，就像那位管理员对待故事中小狗的主人那样。

当然，在我们的工作生涯中，诚实认错还有许多好处。

首先，为自己塑造了勇于担当责任的形象，主管与同事都会欣赏、接受你的作为。因为你把责任扛了下来，不会诿过于他们，他们感到放心，自然尊敬你，也乐于跟你合作，更乐于向你学习。

其次，可借此磨炼自己面对错误的勇气和解决错误的能力，因为你不可能一辈子做事没有缺点，趁早培养这种能力，对你的未来大有好处。

最后，你的认错如果真的招来主管的责怪，那么正可凸显出你的弱者形象，弱者往往能引人同情，也能引来别人的帮助，你会因此而获得不少人心。

所以，犯了错，就诚实地认错吧！更何况，当你主动认错后，就会发现，许多问题并没有你想象得那么严重。

新墨西哥州阿布库克市某公司的一位负责人布鲁士·哈威，有一次批准了向一位请病假的员工支付整月的工资。随后，他发现了这个错误，要在这位员工下次的工资中减去多发的金额。那位员工不同意，因为这样会给自己造成严重的财务问题，他请求分期扣回他多领的钱。哈威必须先征求上级的同意才能决定。"如果直接去向老板请求的话，"哈威说，"一定会使他很不高兴。要更好地解决这个问题，应找到合适的方法。我意识到一切混乱都是我造成的，必须在老板面前自我检讨。"

"进了他的办公室，我告诉他我办了件错事，然后说了事情经过。他开始发火，先说这应该由人事部门来负责，又大声指责会计部门的疏忽，我一再地坚持这是我的错误，应该由我来负责。可他又开始批评办公室的另外两个同事，我还在解释这是我的错误。终于他看了看我说：'好吧，是你的错。交给你解决吧。'错误被改过来了，也没有造成其他的麻烦。我觉得很高兴，因为我有勇气不去找借口，妥当地处理了一件棘手的事情。而且，我的老板对我更加器重了。"

傻子也知道为自己的过失辩护，但如果一个人能主动去承认错误，就会改变别人对自己的看法，甚至会欣赏你的为人并对你委以重任。

😊 情绪驿站
QINGXUYIZHAN

承认错误的确是一件很难的事情，它需要莫大的勇气去突破自己的心理障碍。人们不愿意承认错误的原因有很多，但不管是什么我们都应该明白，错了就是错了，死不承认或者抵死狡辩并不能解决任何问题，而且会使我们陷入各种各样的困境，而这些困境正是由我们自己的固执、自私以及怯懦造成的。既然错了就承认吧，就算不能得到别人的谅解，却也不再饱受良心的煎熬。从某种意义上讲，勇于承认错误，最终的受益者永远都是我们自己，我们因此卸下了心头的包袱，而且拿回了事情的主导权。所以，如果你真的错了，为了你自己就勇敢地承认吧！

对无法控制的事情学着适应

从前，杞国有一个胆小如鼠的人，他还有些神经质，他常常会想一些让人感到莫名其妙的问题。一天晚饭后，他手执一把大蒲扇在外面乘凉，抬头看到群星灿烂的天空时，他就自言自语："如果有一天，天塌了该怎么办？任何人都无路可逃，都得活活地被压死。这样真是死得太委屈了！"从此以后，他几乎每天为这个问题发愁、烦恼，几乎到了茶饭不思的地步。朋友们见他终日精神恍惚，脸色憔悴，都很替他担心，关切地询问缘由。但当大家知道事情的真相后，都感觉他的担忧是没必要的，就跑来劝他说："老兄啊！你何必为这件事自寻烦恼呢？这种担忧完全没有必要，天空是由大气充积而成的，不会塌下来，你的想法是不切合实际的。再说即使真的塌下来，你能控制得了吗？那不是你一个人忧虑发愁就可以解决的问题啊，想开点吧！"可是这个人就爱钻牛角尖，无论朋友们怎么劝说，都无济于事，他仍然时常被这个不必要的问题所困扰着。

在繁杂的生活和漫长的岁月中，我们一定会碰到一些令人不快、使人烦忧的情况，要知道"存在即是合理"。如果我们不能够改变它们，那就把它们当做一种不可避免的情况加以接受，并学着适应，决不能让忧虑来毁了我们的生活，阻止我们闪光的思想，甚至最后导致精神崩溃。如果我们能够寻到挽救的机会，当然就得竭尽所能为之奋斗。无论遇到什么情况，都要坦然地去面对，不为无法控制的事情自寻烦恼。

在英国伦敦市中心一家办公大楼里有个开运货电梯的人，他的左手早在几年前就被齐腕截断了，但他看起来没有丝毫的苦恼，反而还总是面带微笑，做起事来也力求完美。大家有些不理解，于是就有人问他："你不为少了一只手而感到难过吗？"他幽默地说："噢，不会，我根本就不会想到它，怎么会影响我的情绪呢！当然只有一只手在穿针的时候，是会有些别扭，但我没有能力为此就再长出一只手啊。"说完之后，他竟然哈哈大笑起来，大家被他的豁达乐观所感染，不由得发出一阵阵啧啧的赞叹之声。

其实，每个人的接受能力都存在着极大的可开发性，如果有必要，几乎任何一种情况，包括最糟糕的，都能够被我们所接受，然后自己会逐渐地适应，久而久之，就会把那些不幸淡忘。切记：千万不要认死理，一根筋，为了一些不切合实际的想法去撞南墙。

在荷兰首都阿姆斯特丹，一间15世纪的古老教堂的废墟上刻着这样的一行字——"事情是这样，就别无他样。"它告诉我们，有很多事情我们无能为力。既然没能力控制和改变，又何必做一些徒劳无功的事情而自寻烦恼呢！

学会坚强坦然地去面对一切，必须接受和适应那些不可避免的事情，这是做人最应该牢记的人生信条。当然，能够很好地运用此信条，的确是一件不容易的事情，它需要我们拥有相当的定力。我们每个人都应该这样坚持下去，因为就连那些在位的统治者和哲学家们也常常提醒他们自己这样做，用以自律。

情绪驿站
QINGXUYIZHAN

已故乔治五世在白金汉宫内的墙上挂着下面的这句话用以警示自

己："教我不要为月亮哭泣，也不要为过去的事后悔。"叔本华也曾这样说过："你踏上人生旅途第一件最重要的事情，就是学会顺从。"

所有这些，并不是要我们对什么情况都要放弃争取的机会，相反，不论在哪一种情况下，只要还有一丝挽救的机会，我们就要为之奋斗。但是，如果事情真的是不可避免，即使费尽周折也不可能再有任何转机，我们已经失去或者根本就不具备控制和把握的能力，那么，我们也不必怨天尤人、自寻烦恼。兵来将挡，水来土掩，就像水能够适于一切容器一样，我们也要承受和适于一切不可逆转的事实。

适当地发泄内心的积郁

有些心理医生会帮助患者压抑情感，忽略情绪问题，借此暂时解除患者的心理压力。患者便对负面能量产生一定的控制力，所有的情绪问题似乎迎刃而解了。

压抑情绪或许可以暂时解决问题，但是等于逐渐关闭了心门，变得越来越不敏感。虽然你不会再受到负面能量的影响，却逐渐失去了真实的自我。你变得越来越理智，越来越不关心别人。或许你可以暂时压抑情绪，但在不知不觉中，压抑的情绪终将反过来影响你的生活。

面对情绪问题时，有的心理医生的建议是：如果有人伤害了你，你必须回忆整个过程，不断描述其中的细节，直到这件事不再影响你为止。这样的心理治疗方式只会让感情变得麻木。你似乎学会了压抑痛苦，但是伤口仍然存在，你仍会觉得隐隐作痛。

另外有些心理医生则会分析患者的情绪问题，然后鼓励患者告诉自己，生气是不值得的，以此否定所有的负面情绪。这些做法都不十分明智。虽然通过自我对话来处理问题并没有什么不对，但我们不该一味强化理性，压抑感情。总有一天，你会发现，你已背负了沉重的心理负担。

聪明的人完全能够定期排除负面能量，而不是依靠压抑情感来解决情绪问题。敏感的心是实现梦想的重要动力，学会排除负面情绪，这些情绪就不会再困扰你，你也不必麻痹自己的情感。

可有的人不考虑时间、场合而随意宣泄，有的人不顾及对象而任意宣泄，这不仅伤害了他人也伤害了自己。尽管这些人常常辩解："我性子直，有口无心。"但也表现出其人格的不成熟和控制情绪、行为的能力较差的缺陷。时间一长，别人就不愿意与其合作共事了。比如，最近在各大城市出现的"捏捏族"，为了宣泄情绪去超市将能捏碎的东西悉数捏碎的方式就有些过激。因此，人在生活中要学会控制自己，不断调解情绪，只选择适当的宣泄，或以转移注意力、理性升华等方式取代宣泄，恢复心理平衡。一般来说都应以不伤害自己和他人为度，这表明大多数人在满足自身心理需要的同时，也在自觉地按社会规范行事，体现出了高度的社会责任感。

1838年12月，道光皇帝任命林则徐为钦差大臣，前往广东查禁鸦片。林则徐初到广州时，一些腐败官吏明目张胆地进行百般阻挠，使他的情绪波动很大。但是他知道愤怒不但无济于事，还可能给那些人找到攻击他的证据。于是，他竭力控制自己的情绪，写了"制怒"二字挂在墙上，作为警句告诫自己不要生气，同时，也是他愤怒时宣泄情绪的渠道。每当愤怒爆发时，就注视墙上的"制怒"条幅，直到怒气消失。

在适当的时间、适当的场合，以适当的方式排解心中的不良情绪，利用"理智"的闸门来控制。而不能像文学家普希金那样，在得知年轻漂亮的妻子有了婚外恋之后，愤怒地跑去与情敌决斗，结果中弹身亡，留下千古遗憾。

的确，在生活和工作的巨大压力情境中难免会有种种消极的、痛苦的情绪反应。当你感到极度厌倦、压抑时，总是要发泄的。适当地发泄一下内心的积郁，使不快的情绪彻底排解，是一种取得心理平衡的好方法。但是，一定不要不分青红皂白地把自己的情绪发到别人身上。找一种方式吧，既不伤害他人，也让自己的情绪得到宣泄，或是痛斥一个假想敌，或是用力地去拍球，或是也像林则徐那样一直告诫自己，一切都会回到好情绪时的样子，得以继续融洽地与人相处，继续高效地完成自己的工作。

情绪驿站
QINGXUYIZHAN

不良情绪产生了该怎么办呢？一些人认为，最好的办法就是克制自己的感情，不让不良情绪流露出来，做到"喜怒不形于色"。

情绪的丰富性是人生的重要内容。生活如果缺少丰富而生动的情绪，将会变得呆板而没有生气。如果大家都"喜怒不形于色"，没有好恶，没有喜怒哀乐，那么，人就会变成只会说话和动作的机器人了。

人之所以不同于机器，有血有肉、富有感情是一个重要因素。富有感情，人与人之间才能展开交流，才有心灵的沟通。因此，强行压抑自己的情绪，硬要做到"喜怒不形于色"，把自己弄得表情呆板，情绪漠然，不是感情的成熟，而是情绪的退化，是一种病态的表现。

那些表面上看起来似乎控制住了自己情绪的人，实际上是将情绪转到了内心。任何不良情绪一经产生，就一定会寻找发泄的渠道。当它受到外部压制，不能自由地宣泄时，就会在体内发泄，危害自己的心理和精神，造成的危害会更大，因此，偶尔发泄一下也未尝不可。用契诃夫的话与大家共勉："受到痛苦，我就叫喊，流眼泪；遇到卑鄙，我就愤慨；看到肮脏，我就憎恶。在我看来，只有这才叫生活。"

不必理会流言飞语

据《论语》中记载：有人编造流言飞语诽谤孔子，他的学生子贡针锋相对地反驳道："孔子是不容诽谤的，孔子就像太阳和月亮，没有谁能够达到他的思想高度，人虽然想自绝生命，又怎么能损害太阳和月亮的光芒呢？"孔子的一生，时时、处处、事事都非常注重自我修养，仍然有人诽谤，所以我们普通人受别人诽谤也就自然不在话下了，问题的关键在于我们如何对待流言飞语。

20世纪60年代的美国，有一位才华横溢、精明能干，曾经做过大学校长的人去竞选美国某一个州的议会议员。按理说，凭他的资历，以他现有的声望，很有希望赢得选举的胜利。

就在他紧锣密鼓地进行竞选时，一个微不足道的谎言随之很快传开来：三年前，在他担任大学校长期间，他跟一位年轻貌美的女教师的关系"有点暧昧"。这当然是一个弥天大谎，可是这位候选人不能控制自己的情绪，他对此感到异常愤怒，开始把更多的时间和精力放在和流言飞语较劲上。此后的每一次集会上，他都要站起来极力澄清事实，强调自己的清白。

其实，当时大部分选民根本没有听到或过多地注意到这件事，可这样一来，人们却越来越相信有那么一回事了。连他的支持者也倍感失望地反问："如果你真是无辜的，为什么要一而再再而三地为自己辩解呢？"

这位候选人的情绪变得更为糟糕，他气急败坏、声嘶力竭、不厌其烦地在各种场合为自己辩解，以此谴责谣言的制造者。然而，这却更坚定了人们对谣言信以为真。最难以置信的是，随着选举的深入，连他的太太也开始相信无风不起浪，夫妻之间的亲密关系也大打折扣。结果，他在选举中一败涂地，并从此一蹶不振，在日复一日的怨天尤人中窝囊地生活。

有人在中国内地十所中学1200名高中学生中作了调查，调查的题目是：你平时最害怕什么？结果竟有52％的学生（女学生的比例更大）回答说："最害怕被人背后说闲话。"人言可畏，可见一斑。但流言其实是很苍白的，你不理会它，它自己就会消失，你越辩解，它就越是如影相随。身正不怕影子斜，对于一些子虚乌有的流言飞语，不管你身处什么环境，一心做好自己的事，不必理会就是了。君子坦荡荡，小人常戚戚。有远大志向的人是为自己的目标而活着，只有那些鼠目寸光的人才会被周围的流言飞语所牵绊。

情绪驿站
QINGXUYIZHAN

造谣、诽谤、中伤他人都是无能的人虚弱胆怯的表现，真正有理想、有道德、有修养的人是鄙视这种行为的。他们不会因为这些流言飞语徒增自己的烦恼。他们会视之为成功路上的必经障碍。是啊，只要自己行得正，走得直，又何畏流言呢？套用但丁的话与大家共勉：走自己的路，让别人说去吧！

第二章 怎样摆脱坏情绪的纠缠

时刻提醒自己要忍让

忍一时风平浪静，退一步海阔天空。在很多时候，在很多事情面前，需要我们学会忍，这时的能忍善让，不是软弱的表现，而是显示出你的大度和胸怀。很多时候，好汉也不妨吃点儿眼前亏。

生活中常见到同事、邻里、夫妻之间，为了一点点小事，引起争端，以致恶言相向，拳脚交加，甚至诉之法庭，最后两败俱伤。旁观者都为之惋惜，当事人冷静下来后，一般也会认为这样做太不值得。每个人都想着如果当时能冷静一点儿，能理智地对待，能够有一点宽容精神，再大的事也会化干戈为玉帛的。

一天下午，当库克驾驶着蓝色的宝马回到公寓的地下车库时，又发现了那辆黄色的法拉利，而且又停在了离他的泊位非常近的地方。"为什么总是不给我留地方？"库克心中愤愤地想。

这天，库克先驾车回家，比那辆黄色的法拉利先到。当他正想关掉发动机时，那辆法拉利开了进来，驾车人像以往那样把车紧紧贴着库克的车停下。

库克那天正好情绪不好，他感冒了，还刚收到税务所的催款单。忍耐多时的库克终于爆发了，他对着黄色法拉利的主人大声喊道："你是不是可以给我留些地方？能不能离我远些？"

那位黄色法拉利的主人也瞪圆双眼回敬库克："和谁说话呢？"她边尖着嗓门大叫边离开车子。

库克心想："我会让你尝尝我的厉害。"

第二天，库克回家时，黄色的法拉利还没回来，库克把车子紧挨着她的车位停下，这下她也会因为水泥柱子而打不开车门的。

而接下来的几天里，黄色的法拉利每天都先于库克回到车库，逼得库克好惨。

事情陷入了僵局，两个人剑拔弩张，谁也不肯相让。

"这样下去不行，得想一个好的办法。"库克想。第二天早晨，黄色法拉利的女主人一坐进车子，就发现挡风玻璃上放着一封信，信是这样写的：

亲爱的黄色法拉利：

很抱歉我家的男主人那天向你家的女主人大喊大叫。他并不是有意的，这不是他惯有的作风，只是那天他从信箱里拿到了带来坏消息的信件。我希望你和你家的女主人能够原谅他。

你的邻居蓝色宝马

第二天早晨，当库克走进车库，一眼就发现了挡风玻璃上的信封，他迫不及待地抽出信纸。

亲爱的蓝色宝马：

我家的女主人这些日子也一直心烦意乱，因为她刚学会驾驶汽车，因此还停不好车子。我家女主人很高兴看到你写的便条，她也会成为你们的好朋友的。

你的邻居黄色法拉利

从那以后，每当蓝色的宝马和黄色的法拉利再相见时，他们的驾车人都会愉快地微笑着打招呼。

正所谓"让三分心平气和"，平和无论是对他人还是对自己，都是有好处的。所以，生活中的那些智者，在遇到一些看起来让人生气、令人发怒的事情时往往能够将忍让作为首选，而不是针锋相对。

情绪驿站
QINGXUYIZHAN

之所以有些人缺乏忍让精神，就是因为他们错把忍让当成窝囊，担心因为自己的忍让会被人当做随意捏的"软柿子"。其实，忍让是一种"别人生气我不气"的宽心，是一种"不计个人得失"的大度，是一种"给他人下台阶"的善良，同时也是一种"风雨不折腰"的坚强。它能够将生活中不愉快的事和许多不良的情绪淡化和遗忘，也能够让自己成为受欢迎的人。所以，时刻提醒自己要忍让，吃亏是福，睚眦必报伤害别人的同时也可能会伤害了自己。尤其是万一对方是你的对手、仇人，有意要气你、激你，这时，如果你不忍气制怒保持头脑清醒，就很可能被人牵着鼻子走。

"路径窄处留一步与人行，滋味浓时减三分让人尝"。能忍善让是理性的以柔克刚，以退为进；能忍让者，意志必坚韧，必定具有良好的心理素质与道德品质，也必定能得到别人的拥护与尊敬。

我们生活在这样的现实之中，每天都要与各种各样的人打交道，适度的忍让对我们保持愉快心情大有好处。适度的忍让才是善让，善让可以以柔克刚，避免因恶而发生事情。适度的忍让，是开明者的善让，是文明人的礼让，是虚心者的谦让，是识时务者的急流勇退。

给生活留出思考的时间

诚然，我们不能把大把的时间浪费在无谓的空想和哀思上，可是我们却必须给思考留出充足的时间，生活是不能缺少思考的！

蜜蜂的蜂蜜吧终于开张了，生意特别红火。顾客来自各个领域，山上跑的，天上飞的，水里游的。蜜蜂高兴地不停招呼，忙得不亦乐乎。不久，它绞尽脑汁地想出了在山坡、水边和森林里开几家分店，把生意做大的好主意。

一天，游乐场的场主蝴蝶从从容容地前来拜访蜜蜂。

"蜜蜂，我工作累了，出来和你聊聊，你有没有时间啊？"蝴蝶轻松愉快地问。

蜜蜂又好气又好笑，边团团转地忙碌着，边回答说："我现在忙得连思考'有没有时间'这个问题的时间都没有了。你没有看到我正忙着多开几家蜂蜜吧吗？我至少也要忙完这个周末！"

"你这不是有时间开几家分店吗？我看你不仅有时间，而且时间多的是，只是没有想问题的时间罢了。"

蜜蜂听后看看自己，觉得自己就像一只无头苍蝇在不停地旋转，而蝴蝶在说笑的工夫就想出了在蜜蜂的蜂蜜吧旁开一家游乐分场的好主意。

看看马不停蹄的蜜蜂，再对比一下从容翩跹的蝴蝶，同样是赚钱，蜜蜂充其量是一个劳碌着的赚钱者，恐怕没有多少人会羡慕；蝴蝶却展现出了成功者忙中偷闲的从容魅力。

非常高兴有人能够看到这段文字，毕竟你是忙中偷闲，停下你的工作来翻阅这本书的。你是不是也忙碌得像一只无头苍蝇？是不是也信奉着"时间就是金钱"的名言？

不要以为废寝忘食就预示着成功，就表明你不可挑剔的敬业精神。很多人把每一分钟都用在工作上，其实那真的得不偿失。最善于经营生意的犹太商人有句俗语："该忙的时候就忙。"这也说明，并不是工作时间越多，你的效率就越高，你获得的利益就越大。对于一个在商业中摸爬滚打的人来说，创意、投资、管理等所有的环节都离不开思考。在工作和忙碌的同时，你更需要休息，在忙碌中安排思考的时间。

有人经常说："我忙得没有时间思考。"然而，就是这五个字"我没有时间"成了成功与失败的分水岭。平庸的人只知道"埋头拉车"，而成功的人却能"偷"出时间，发展自己的爱好或者思考未来或者总结经验，而这些往往关乎工作和为人的方向，关乎商机的来源，对生意来说是最重要的。

只懂得用忙碌来打发时间的人其实是悲哀的，就像下面的这些小虫子：

有一种奇怪的虫子，叫列队毛毛虫。顾名思义，这种毛毛虫喜欢列成一个队伍行走。最前面的一只负责方向，后面的只管跟从。

生物学家法布尔曾利用列队毛毛虫作过一个有趣的实验：诱使领头毛毛虫围绕一个大花盆绕圈，其他的毛毛虫跟着领头的毛毛虫，在花盆边沿首尾相连，形成一个圈。

这样，整个毛毛虫队伍就无始无终，每个毛毛虫都可以是队伍的头或尾。每个毛毛虫都跟着它前面的毛毛虫爬呀爬，周而复始。几天后，毛毛虫们被饿晕了，纷纷从花盆边沿掉下来。

这些毛毛虫遵守着它们的本能、习惯、传统、先例、过去的经验、惯例，或者随便你叫它什么好了。它们干活很卖力，但毫无成果。它们的失误在于失去了自己的判断，盲目跟从，进入了一个循环的怪圈。

其实，人在有些时候又何尝不是如此呢？许多人只懂得埋头苦干，却没有时间去思考一下自己所做的事情究竟是什么，到底会有怎样的结果，有没有更好的方法。一味盲目着去忙碌的结果是一旦他们发生失误，全部人生都变得失败。为什么不忙里偷点闲呢？暂时放下工作，把塞满文件、数据和问题的头脑彻底清空，到安静的地方散散步或者听听音乐，看看喜欢的书籍。这种休息往往可以把你从旧框框中解脱出来，焕发出你的创造力，激发出你的灵感和创意。

情绪驿站
QINGXUYIZHAN

亚里士多德说："人生最终的价值在于觉醒和思考的能力，而不只在于生存。"所以，在我们累的时候尽管停下来，哪怕和别人交谈几句，或者做些和工作毫不相干的事。不要有所迟疑，不要硬撑着非要等到下班，等到周末，更不要等到项目完成。

学会忙里偷闲，才能享受原本丰富多彩的生活，这样才是一个明智的人；如果能够在偷得的闲暇中发掘新的商机，创造财富，这样就不愧为一个卓越不凡的生意人。当然，懂得给生活留出思考时间的人本身就已经是一个成功的人了。

第二章 怎样摆脱坏情绪的纠缠

不可固执地意气用事

草原上有两匹马，一高一矮，正在悠闲地啃着肥美的青草，只见天苍苍，野茫茫，放眼望去绿油油的一片。它们心情舒适，边吃边聊，往远处走去。

"一会儿等我们吃完了，再回头吃吧！你看还有好多没有吃呢！"那匹矮点儿的马说道。精良的马听后，不屑一顾地打了一个响鼻，根本就没有往后看看，它心想："好马不吃回头草，往回走什么呀？还怕前面没有草吗？"想到这里，它轻蔑地对刚才提议的马说："我可不愿意辱没了'好马'的名声，要吃你自己回头吃吧。"

两匹马一直往前走，可是草越来越少，矮马说："我们还是回去吧！再往前走恐怕就没草了。"

"好马"还是那副傲慢的表情，矮马回头走向草原，好马独自走向前方的沙漠边缘。它仍旧没有回头看看身后的矮马埋头吃草的陶醉样子，最后这匹"好马"一头栽倒在沙漠中了。

高大的骏马就这样因为一句"好马不吃回头草"堵住了自己的退路，没有了回旋的余地，而知道为自己留一条退路的马却活得逍遥自在。

很多人认为"好马不吃回头草"表露出的是一种一往无前的勇气和志气，可实际上，这个说法颇有点"一条巷子走到黑"的意味，是一种盲目的勇气！为了名义上的"好"而"不吃"，而"草"却是真正的"好草"，"回头"又有什么不好？难道你不知道"苦海无边，回头是岸"和"浪子回头金不换"这两句话吗？

"回头"往往包含着新的机会、新的开始和新的面貌。可惜的是很多人在面临该不该回头的时候，都把"意气"当成"志气"，或用"志气"来包装"意气"。如果是生意上的"回头草"，就预示着丧失新的赚钱市场和重新开始的机会。衡量一匹马的标准并不是看它是否吃"回头草"，而是看它到底有多强壮，足以忍耐多长的距离。同样的道理，判断一个商人成功与否的标志不是他是否做"回头生意"、"重操旧业"或者回到以前的工作单位和部门。

　　吃不吃"回头草"对每个人来说都意味着很多东西，因为"前程"并不都"似锦"，如果"回头"面对的是自己熟悉的环境，其中的规律也了如指掌，操作起来轻车熟路，游刃有余，这个时候就是"进一步山穷水尽，退一步海阔天空"。这样的选择，进退就在一念之间，而筹码却是多少财富和发展的机会啊！为什么不理性地思考一下这些问题呢？

　　你现在有没有"草"可吃？能不能吃饱？以后会不会有草吃？如果不吃，你还能支撑多长时间？支撑的后果是什么？"回头草"到底有没有吃的价值？吃了对你有什么帮助？

　　考虑到这些客观的问题，那些所谓的"面子"和"志气"就暂时不要放在心上了。尽管放任别人轻蔑的眼光和流言飞语吧，只管好好吃回头草，等你有所成就的时候，别人就会忘记你吃的是"回头草"，甚至还会把你奉为榜样。

情绪驿站 QINGXUYIZHAN

　　意气用事的人只是一时看上去很有骨气，可是对于他们的发展而言却毫无益处。只可惜大部分的人都没有意识到这一点。我们应该有志气有追求，但是也必须认清自己的前途是不是一条死胡同，是不是值得我们一条道走到黑。在我们独立前进的途中，不妨静下心来仔细想一想自己的一切付出是不是真的值得，而不是固执地意气用事，断送了自己的前程！

第二章　怎样摆脱坏情绪的纠缠

养成主宰自我的意志和习惯

如果你认为生活冷落了你，那是因为你自己先冷落了自己。

人生如戏，你在舞台上表演着属于自己的各种角色，孩子、恋人、妻子、丈夫、上司、下属……你可能是一个出色的演员，引得别人的关注，赢得别人的喝彩，你是主角，你是人物。但是，也有可能，你只是默默无闻地表演着自己，没有人注意到你，当然更不会有人为你叫好、为你鼓掌。不要沮丧，不要默默地让生命的热情消逝，你可以为自己鼓掌。

自信是跨越自卑、战胜自卑的有力武器。它不是对生命的失望、无助、无奈，以及对生命的伤感、悲愤和苍凉，而是充满着对生命的信心，体现着生命中主动积极明亮的旋律，是生命的光点。

自信体验的是人生光明、甘甜和美妙的一面，自信给予人的是生命的希望和对未来美好的憧憬。人类社会能从茹毛饮血发展到电子时代，从钻木取火发展到今天的核能发电，就是凭借自信的力量，没有自信是不成的。没有自信，人类将一事无成，没有自信，个人将毫无价值。

自信源于自尊，自尊是人的高级需要。人与动物的根本差异就在于，人能在自我意识的支配下，将人的低级需要向高级需要的满足延伸。人没有被自然本能所湮没，就在于人有自尊感，个人没有完全消失，而独立存在，就在于每一个人都期望于自尊自重，并努力地去满足于自尊自重的需要。

一个小男孩头戴球帽，手拿球棒与棒球，全副武装地走到自家后院。

"我是世上最伟大的击球手。"他自信地说完后，便把球扔到空中，然后用力挥棒，却打空了。不过他毫不气馁，把球从地上捡起，又往空中一扔，然后大喊："我是世界上最厉害的击球手。"他再次挥棒，结果仍是落空。小男孩愣住了，大概十分钟的时间，他又仔细地对球棒与棒球进行了一番检查，再一次把球扔到空中，并且这次他仍告诉自己："我是最杰出的击球手。"可是他第三次的尝试依然以失败告终。

这种情况下，谁忍心看到一个自信的孩子一而再，再而三地被失败伤害的面容。各位，不必这样，你根本看不到你想象的那一幕。因为这个小男孩在第三次失败后，沉思了片刻，又突然从地上高高跳起，"原来我是一流的投手！"他兴奋地说。

小男孩勇于尝试，能不断给自己打气、加油，使自己信心十足，尽管他一次都没有成功，但是，他却毫无失落之意，也没有一蹶不振，他不抱怨、不伤心，反而从另一种角度来"欣赏自己"。所以，请像故事中小男孩一样，自己为自己鼓掌吧！在你的灵魂深处，顽强地为自己加油，自己肯定自己，永无止息地激发自己的信心和热情，在布满荆棘的生活道路上充满自信地向自己的目的地迈出坚定的步伐。

情绪驿站
QINGXUYIZHAN

人的自信是一种内在的东西，需要由你个人来把握和证实。所以，在建立自信的过程中，一定要学会自我激励。

有勇气面对别人的讥讽和嘲笑是自我激励的办法之一，是临时性的激励办法。比如，在你遇到重要的事情，需要鼓起勇气来面对时，你可以说："造物主生我，就赋予我无穷的智慧和力量，什么事情都难不倒我。"这样可以增强自己内在的信心，激发自己内在的力量，从而成功地达到你的目的。当然，这种激励只是一种临时的办法，要想长期在自己的内心建立自信，那就需要不断地激励自己，直到形成习惯。德国人力资源开发专家斯普林格在其所著的《激励的神话》一书中写道："人生中重要的事情不是感到惬意，而是感到充沛的活力。""强烈的自我激励是成功的先决条件。"

所以，学会自我激励，要给自己一个习惯性的思想意念。如果你在内心经常存有失败的念头，你便已经输掉了一大截。相反地，倘若你对自己充满信心，并具有主宰自我的意志和习惯，那么即使面对逆境，也能泰然自若。当一个人先从自己的内心开始奋斗，他就是个有价值的人。所以，不妨时刻告诉自己："我是一个有价值的人！"

接受无法逃避的现实

有时候不幸也不是坏事，它会成为一种促使我们采取行动的动力，一种提高我们素质的因素，我们的智慧因此而敏锐，使我们最终摆脱困境。

1945年8月，第二次世界大战对日作战胜利纪念日之后两天，玛丽·布朗太太回到她渥太华的家，站在空寂的房间里发愣。

几年前，她丈夫死于车祸。接着与她相伴的母亲去世。布朗太太这样描述当时的状况：

"钟声与哨笛宣布和平的到来，我唯一的儿子唐纳却死了。我的丈夫和母亲在那之前就死了，整个家只剩我一个人。离开孩子的葬礼回到家中，那种无名的空寂感，我永远难忘。没有哪儿会比家更空寂了。悲伤和恐惧让我窒息：除了学会一个人生活还要改变生活方式，最大的恐惧则是怕自己因伤心而发疯。"

一连几个星期，布朗太太沉浸在悲伤、恐惧和孤独之中，痛苦和惶惑使她茫然，不肯接受现实。她说："我相信，时间会帮我平复创伤，但是时间过得太慢了，我必须找点事打发时间，于是我就去工作。

"时间慢慢地过去，我发现我能重新对生活、同事、朋友产生兴趣。我渐渐明白不幸的事已经悄然走远，未来的一切正在变好。我曾经多愚蠢，怨苍天待我不公平，不肯接受现实。但是时间改变了我。

"这一天来得很缓慢，不是几天也不是几星期，它是渐进的。最重要的是我终于学会面对现实。

"现在，当我回首往事时，就觉得自己像一艘航船历经风雨后终于航行在平静的海面。"

有些哀痛，诚如布朗太太所亲历，大到不是常人所能承受的地步，我们也还是要接受。当布朗太太做出决定接受亲人离去的事实时，她已经做好准备让时间来治愈这伤痛。

失去亲人是不幸的，我们只能接受它。我们的生活被分割得七零八落，也只有时间才能将它缝合，但是我们必须给自己时间。悲剧刚刚降临时，世界仿佛也停滞不前了，我们的悲痛却要一直持续下去。我们一定要继续上路。回忆那些快乐的往事，我们会感到幸福终将取代悲痛而到来。我们应该在内心里停止悲哀和怨恨，接受无法逃避的现实，时间自会帮助我们摆脱不幸。

减轻不幸所造成的影响最保险的途径之一，是帮助别人从而升华自己。

威斯康新州的一个女人，对社区居民来说，她是一个激励人心的人物，因为她超越了个人的悲伤，带给那些有同样烦恼的人以安慰。她25岁的儿子，在第二次世界大战时阵亡。她虽然非常哀痛，却不要别人怜悯。正如她所说："我了解那些从不知什么叫真正幸福的母亲，有些人的子女得了痉挛性麻痹，有些人的子女精神或身体残缺无法为国尽忠，另有许多女人渴望养育子女却无法生育，我有过一个好儿子，跟我度过了快乐的23年，我的余生中拥有了23年的美好回忆。因此我必须顺从上帝的意愿，尽我所能帮助那些有儿子在服军役的母亲。"

她做到了，她毫不厌倦地带给有儿子在军中服役的人和正在军中服役的人以安慰。她学会将心思和精力投入帮助他人之中，让自己没有剩余的精力再去苦思自己的烦恼和不幸。

　　卢森堡说："不管怎样的事情，都请安静地愉快吧！这就是人生。我们要依样地接受人生，勇敢地、大胆地，而且永远地微笑着。"人生不是幸福欢乐绵延不断的旅程，它有光明也有黑暗，有高峰也有低谷，有阳光也有阴影。烦恼不会因为我们用被单蒙住眼睛拒绝面对它而放过我们，它是人生的一部分，而我们的成熟与否跟我们对待烦恼、不幸的态度有密切的关系。

　　精神医生说："人类通常以整体来行动……资料显示，人们在日常生活中的思想和他（她）的生理、心理有着微妙的关系。"也就是说，你可以在某一种程度上选择自己是否快乐，是否健康，因为，你能够改变自己。

　　所以，请接受现实，接受了现实才能有机会改变现状。

第二章　怎样摆脱坏情绪的纠缠

该放手的就放手

人的一生被许多难以取舍、困惑不已的琐事所纠缠着，这时所需的就是断然的舍弃与明智的抉择。

一个樵夫，上山砍柴，不慎跌下山崖，危急之际，他拉住了半山腰一根横出的树干，人吊在半空中，但崖壁光秃陡峭，当然，他也爬不回去，而下面就是崖谷。

就在樵夫正不知如何是好时，一位老僧路过，给了他一个指点，说："放！"

既然能够想象活命的唯一可能的途径已经证实没有可能了，半天吊着也还是等死，那就只有往下跳了——不一定活，但也不一定死。

也许可以顺着山势而下，缓和一点冲下去的重力；也许半途能够碰到一棵树，那么就可以再减掉一次冲力；也许可以抓到一块石头；也许不会死。

这个故事最大的启发，是人们对未知持有何种态度，将会对未知产生不同的影响。

很多时候，犹豫不决真要比堕落还要消极。不少人在犹豫不决的边缘唉声叹气、半死不活，人格处于分裂状态。这些"惯于凌空"的人，最常用的恐怕就是自己一脸无奈的表情和那些多余的自我解释，但生命总有个期限，谁能跟生命玩角力？

凌空摆荡，浪费时间而仍然不会有结果，谁都不能在半空中支撑太久，倒不如趁自己头脑还清醒，体力还能赌一次的时候，好好把握自己的命运。

跳下去，就有一线生的希望。

在人性丛林中，你一定会遇到进退两难的场面，与其夹在中间等死，倒不如停止浪费勉强支撑的精力，将全部精力付诸一搏，跌下去会死，但已经无法爬上去了，就算搏个万分之一的希望，毕竟还有一线生机。如果我们舍不得放开自己的双手，那么就只有等死的份了，连那万分之一的希望也失去了。所以，在得到之前我们必须首先舍弃，有舍有得才符合辩证的原理。

有两个农夫相约上街寻找财物，其中一个比较聪明，另一个比较愚笨。

他们俩走着走着，到了城里被火烧毁的地区，发现了一些烧焦的羊毛，就尽量地把羊毛捆好，能拿多少就拿多少。

在路上，他们又看到一些布匹。聪明的农夫立刻把羊毛丢了，换成了布，笨的那一个说："为什么要把捆得好好的羊毛丢掉呢？"他还是背着羊毛，一点布都没拿。

他们又往前走，看到路上有许多现成的衣服。聪明的农夫又把布扔了，换成了衣服。而笨的那一个呢？仍然觉得把收拾好的羊毛扔掉太可惜了。

之后，他们又看到了银色餐具，聪明的农夫又换了，而笨农夫还是固执地背着他辛辛苦苦捆得牢牢的羊毛，虽然他有一点心动。

后来，他们看见了一堆金子，聪明的农夫赶紧又换成了金子，笨农夫还是舍不得放下他的羊毛来换金子。

最后，路上遇到了大雨，把羊毛淋得透湿，笨农夫不得不把它扔了，空手而回。聪明的农夫却因为捡了许多金子，发了大财。

许多时候，人们只顾紧紧抓住自己原有的，不肯改变，不肯丢弃。但唯有敢舍弃，才有机会突破现状，另创新机。

情绪驿站
QINGXUYIZHAN

海明威说："只要你不计较得失，人生还有什么不能想法子克服的？"自然的规律就是有舍才能有得，勇于放弃一些，才能收获更多。所以，每个人都要学会"舍得"的智慧，学会权衡什么对自己才是最重要的，然后作出一个取舍，该放手的就要放手，不舍得舍弃也就很难有所收获。

释放心灵的重压

　　人们常说"压力有多大，动力就有多大"。这种说法显然有失偏颇。压力固然可以转化为动力，但是一旦压力过大，就会使人喘不过气来，让人没有力气继续成功的步伐，甚至过重的压力会严重损害人的心理健康，使人得抑郁症。

　　在这个竞争日益激烈的年代，年轻人身上的压力日益增大。男人们每天都在往自己的肩上增加砝码，他们希望自己能够承担起越来越多的责任，希望获得认可和成功。他们努力让父母、妻子、儿女、女友、朋友、老板和同事满意，然而，在这么做的同时，他们逐渐与真实的自我脱节。他们用真实的自我去换取"安全"和"社会可接受"的典范。许多人害怕冒可能要付出太高的成本之险，以为会承担不起。他们害怕改变，害怕动摇了工作的安全性，害怕任何人不满意。他们常常因为要去追逐丰裕的物质生活，追求辉煌的成就，因此把自己压得喘不过气来。

　　尤其是年轻人，看到父母期待的目光，会有压力；看到别人开名车，会有压力；看到别人住豪宅，会有压力；看到别人事业有成，会有压力……时时处处都有压力，压力从四面八方向你袭过来，把你围在里面，你会觉得不能呼吸，随时都有可能窒息。

　　哈佛大学和世界卫生组织的研究指出，我们的世界正面临着精神病危机。心理健康和商业经济关系研究所负责人比尔·维尔克森说，由于现代人承受了难以想象的压力，很容易患抑郁症，而抑郁症是"公众健康的头

第二章　怎样摆脱坏情绪的纠缠

号敌人"。他还说："在今后20年里，精神病，尤其是抑郁症会造成更多人丧失劳动能力，它所造成的危害比癌症、艾滋病和心脏病还严重。"

一份调查显示，目前中国大约有抑郁症患者3000万人；全球范围内，有超过5亿人正在遭受抑郁症这种疾病的折磨。预计到2020年，抑郁症可能超过癌症，成为仅次于心脑血管疾病的人类第二大疾患。而在抑郁症患者中，中青年占了极大的比例。每年自杀的案例数不胜数，其中绝大多数都是青年，而这些自杀的年轻人，都是由于压力过大患了抑郁症所致。

竞争的日益激烈使得每一个人的负担日益加重。每个人都应当学会自我释压，适时地把过重的压力放下，避免患抑郁症。

大家在等待一位很知名的讲师再次来演讲，教室里很安静，这时从教室门口传来一个熟悉的声音："各位认为这杯水有多重？"说着，讲师拿着一杯水走进了教室。有的人说200克，也有的人猜300克。

"是的，它只有200克——那么，各位能够把这杯水端在手中多长时间呢？"讲师又问。

安静被打破了，一些人笑了起来：不就是200克吗，端多长时间又会怎样！看到学生们的反应，讲师并没有笑，而是很严肃地说："的确，200克的水，让大家端一分钟，肯定都认为没问题；可是端一小时后，就不会像最初那么轻松了，你的手会感觉酸疼；那么，时间再长一些呢？一天？一周？……恐怕就得叫救护车了。"

这时，学生们都笑了，不过这次是赞同的笑。

讲师继续说："这杯水的确是非常轻，可是再轻的水，一旦你拿得时间长了，就会感觉沉重。同样的道理，倘若你把压力放在身上，不管这时压力本身有多轻，只要时间一长，你就感到沉重得无法承受。因此，每一个人都应当知道在适当的时候把这杯水放下，稍事休息后再拿起来，如此这般，我们才能拿得更长久。压力亦如此，我们应当在适当的时候把所承担的压力放下，好好休息之后再拿起来。"

讲师说完，掌声响起。

由此可见，压力不可轻视。即使它很小，但是再小的压力，时间长了都会影响人的心理健康。

情绪驿站
QINGXUYIZHAN

泰戈尔说："生活并不是一条人工开凿的运河，不能把河水限制在一些规定好的河道内。"要成功，不一定非得要背负沉重的压力。因为肩负太多的责任，所以难免身体疲乏，但是心灵却不可负上重压，放下心灵的重担，才能轻装上阵，才能以最快的速度接近目标。

预防和回避抱怨的发生

有一个人，原本生活条件很不错，但是他有一个很不好的习惯：爱抱怨。

他好像从来就没有顺心的事，什么时候与他在一起，都会听到他在不停地抱怨。高兴的事他抛在了脑后，不顺心的事他总挂在嘴上。见到人就抱怨自己所谓的不如意，结果他把自己搞得很烦躁，同时把别人也搞得很不安，大家都对他避而远之。

你周围有没有这样的朋友？他每天都会有许多不开心的事，他总在不停地抱怨。其实，他所抱怨的事也并不是什么大不了的事，而是一些日常生活中经常发生的小事情。

每个人都会遇到烦恼，但明智的人会一笑了之，因为有些事情是不可避免的，有些事情是无力改变的，有些事情是无法预测的。能救的应该尽力补救，无法改变的也就坦然面对，调整好自己的心态去做该做的事情。

但有些人，就像上面那个爱抱怨的人一样，每件不称心如意的小事都会长久地堆积在心里、挂在嘴上，自己的心态、情绪也因此变得很糟。在这样一种精神状态下，不难想象，他犯错误的概率自然要比别人高，许多新的烦恼又在后边等着他，那么他又开始新一轮的抱怨——沮丧——出错——倒霉……他自己还不明白：我运气为什么总是这样差，那些能力不如我的人为什么干得总比我好，为什么他们的运气总比我好？

"万事如意"是人们真诚的祝福，但我们也要清醒地认识到，那只是一个美好的祝愿而已，真正的生活之中不如意之事常常发生。

我们不可能保证事事顺心，但可以做到坦然面对，该放则放，不要把一些垃圾总堆在心里，把乌云总布在脸上，把牢骚总挂在嘴边，否则你自己会一直是个倒霉蛋，周围的朋友也觉着你烦人。

戴尔·卡耐基在他的书中写道：

在我的私人档案柜里，有一个卷宗夹，上面写着"我所做过的傻事"。我把所有做过的傻事留下书面记录，放在这个卷宗夹里。有时候我会用口述的方式让我的秘书打字记录下来。可是有时候这些问题太个人化，或者太愚蠢，使我不好意思口述，就只好自己动手写下来了。

每次当我拿出那些"我所做过的傻事"的档案，重新读一遍对自己的批评时，它们都能帮我解决我所面对的最困难的问题，就是怎样控制我自己。

我以前常常把碰到的麻烦怪罪于别人，可是年岁渐长之后发现，归根结底，几乎所有的不幸都应该怪自己。很多人在年纪大了之后都会发现这一点。"除了我自己，再没有别人。"拿破仑在被放逐的时候说，"除了我之外，没有别人应该为我的失败负责。我是自己最大的敌人，也是自己不幸命运的起因。"

成功的人是不会怨天尤人的，因为他们懂得事情发展成今天这个样子都是自己一手造成的，把精力浪费在抱怨上没有任何意义，而且会使自己成为一个不受欢迎的人，同时它会让自己的意志更加消沉。

情绪驿站
QINGXUYIZHAN

每个人一出生就有一个背景，不管你出身如何，过去你经历了怎样的遭遇都不重要，重要的是你怎样去改变你的现状。抱怨只是一种逃避，它不能帮你解决任何问题，只有努力，才是解决问题的最佳方法，才是对困难、对不幸、对逆境最有力的回击！

　　抱怨是表达内心不满的一种态度，当我们表达不满时，我们的目的并不仅仅是为了发泄不满，而是希望自己抱怨的事情能够得到解决。如果你确实遭遇了不公，如果你一定要抱怨，那么，只向那些能帮助你解决问题的人抱怨，这是最重要的原则。如果只是为了发泄情绪，而向毫无裁定权的人抱怨，只能使你招致更多人的厌烦。

　　要想让自己抱怨的事情能够得到有效的解决，心态是个关键，虽然我们不可能做到每件事情都能够有效地预防和回避抱怨的发生，但是我们绝对有权为自己选择正确的态度。正确的心态可以帮助我们在抱怨与有效地达成目的之间找到最佳平衡点，凡事多从积极的方面去考虑，尽量克制消极的情绪；凡事多从长远的方面去衡量，不为眼前的小利误导，这样心中就有了一个抱怨的准则，我们就能够恰当地表达内心的不满，并有效地促成问题的圆满解决，最终达到有效抱怨的目的。

敞开心扉扩大交际多沟通

快乐就蕴藏在我们的心里，可是需要阳光才能闪耀。我们只要敞开心扉，阳光就会自己走进来。

"你为什么整天都趴在窝里不出来呢？"快乐的小松鼠站在刺猬的洞口呼唤它矜持的邻居。

"因为我害怕看到别人！"里面传来小刺猬细微的声音。

"那有什么好怕的，它们都很友好，而且都希望和你成为朋友！"松鼠劝慰说。

"我知道，但是我长得很难看……而且长满了刺……你们会不喜欢我的！"刺猬不好意思地说。

"那不正好吗？你的刺可以保护我们，再说朋友之间还是需要有点距离的，这是你的优点啊！"小松鼠兴奋地叫道。

"可我没有你那么能说会道，我能和别人聊点什么呢？"刺猬探出头，羞得满面通红。

"你的口才很好啊，看你为自己找起借口来多能说！"松鼠开玩笑地说，"随便说什么都行，我们俱乐部的朋友都是随便聊的，在那里你还可以享受蜂蜜，说不定大家还会推选你去保卫部任职呢！"

小刺猬终于走出了第一步。

在某些时候，你是不是也和小刺猬一样性格内向，不轻易和陌生人接触，喜欢稳定有序的生活，喜欢含蓄、静思、敏感而内敛，只注意自身和主观情感？如果你有上面的一些特征，我想对你说的是：不要再内向。

性格内向与外向各有优势。比如，内向的人大多沉着、善于思考，学习起来效率很高，但是容易思想狭隘，处理事情很难掌控大局；外向的人爽朗、敏捷，学习也很快，对大场面有一定的把握能力，但是兴趣和注意力容易转移，做事缺乏计划性。

性格内向并没有什么不对，但是对于一个想要谋求发展的年轻商人来说，恐怕就有必要让这种性格反转一下了。

内向的性格不易于结交朋友和扩大自己的交际圈。把自己封闭在一个狭小的圈子里，接触的行业很单一，认识的人也非常有限，如果单靠个人的力量恐怕生意就会难以为继。即使遇到了自己最想结交的人，内向的人可能因为不好意思主动和别人打招呼，而错过了一个潜在的朋友。"朋友多了路好走"，相反，一个人的朋友越少，得到来自外界的支持就越少，经营起来就越艰难。

内向的性格不利于和他人沟通。现在时时处处需要沟通，比如，业务谈判、指导工作、汇报情况、讨论问题、制订计划、讨价还价等。内向的人说话声音微小、容易紧张、不够主动等，这些都不利于交流的深入和顺利开展。试想一下，一个不善于表达自己，见到大场面就心慌甚至语无伦次的人，又怎么指望他能在谈判和会议发言上有出色的表现呢？如果不能主动和上级沟通，交换意见，只顾自己埋头拉车，往往就会事倍功半。同样，一个只做自己分内工作的老板也很难让自己的计划得以实现。

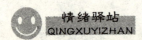
情绪驿站
QINGXUYIZHAN

如果你是一个内向者，你最好重新认识和调整自己。一般来说，内向的人可能或多或少有点自卑情绪，或者因为某次经历，或者产生于特殊的环境，或者来自家庭教育的影响，也有可能因为缺乏社交技巧，然而不管是什么原因和表现，只要能够发挥其优势，克服不足，就都能完善自我。

　　不管怎么样，迈出第一步是至关重要的，不要像只刺猬似的总是躲在角落里，那样别人真的会将你遗忘，甚至有一天自己也会将自己遗忘了，这是多么可怕的事情啊。所以，从这一刻起敞开你的心扉吧，当阳光照进来时，你会发现自己身上原来有那么多的闪光点！

寻求改变，与坏情绪做斗争

　　一个人身上如果背负了太多的缺点、不快和仇恨，会让整个人变得不幸。若想要重新得到幸福和快乐，获得重生，首先要学会正视自己，然后毫不犹豫地寻求改变，像凤凰那样对自己的人生进行一次彻底的洗礼，唯有浴火方可重生。这个过程必然是痛苦的，但是如果不行动起来去做斗争，那么，你的幸福快乐可能永远被放逐。

与自己的心灵交战

人很多时候都是一个矛盾结合体，我们的思想中仿佛住着两种截然不同的灵魂，他们一个是正义的，一个是邪恶的，而且时常发生战争。通常，人的情绪和情感在一定的时间和环境中是平静的和稳定的，那是因为其中的某一方占据着绝对的优势。可是当这种优势被打破时，人就会变得不安、焦虑、犹豫不决，甚至看不清楚人生的方向，进而跌入痛苦的深渊！这就是心灵的交战，人们往往在一生当中要经过无数次的交战才能决定自己的最终归属，有的人甚至一辈子都在这种交战中痛苦地挣扎着！

有这样一个经典的小故事：

一位画家想画耶稣，但是，四处寻找也找不到一位本性纯真的人。最后他终于在一家修道院里找到了一个修道士，无论是外形还是秉性都符合自己的要求。画家完成这幅作品后，作品中主人公的圣洁光芒感染了每一个观众，这位画家于是享誉画坛。而那位修道士模特也因此得到了不菲的报偿。

看过这幅画的人都赞不绝口，可是后来有人认为画家应该再画一位魔鬼撒旦，才能与圣人耶稣交相辉映！画家认为很有道理，于是就开始了新一轮的艰难寻找。但是撒旦是丑恶的化身，到哪里找一位丑陋和邪恶之人呢？经过漫长的寻找，最后他在监狱里终于发现了一个十分理想的人选，这个人也是一位修道士。

但是，当修道士知道自己要被画成魔鬼时却失声痛哭起来。画家疑惑不解地问："你哭什么呢？难道你不愿意自己的画像成为杰作吗？"

修道士说："以前你画圣人时就是我，想不到现在你画魔鬼找的还是我！"

画家大吃一惊，仔细一看，他果然就是那个画耶稣时的模特。

"怎么会变成这样？"画家深感疑惑。

修道士娓娓道来："自从得了那笔钱后，我就去花天酒地，把钱花光之后，为了满足遏制不住的欲望，就去偷、去抢、去骗……最后锒铛入狱。"

像圣人的是他，像魔鬼的也是他。圣人和魔鬼其实就住在我们自己的心中。我们时时都在为该不该、对不对、是不是这样的问题困扰着。我们的矛盾心理在道德底线上下徘徊着，我们备受心灵的煎熬。而这种煎熬却是我们自己找来折磨自己的。人的生活其实可以很简单，只是由于我们的想法和顾虑太多而阻碍了对生活的正确判断和评价。为了一时的快乐和眼前的利益而被邪恶的灵魂所驱使，最后发现那并不是我们所想得到的，因为它除了失望、痛苦、煎熬、懊悔之外什么也不能给我们！

情绪驿站 QINGXUYIZHAN

纪伯伦说："你的心灵常常是战场。在这个战场上，你的理性与判断和你的热情与嗜欲开战。"与自己的心灵交战无疑是一种痛苦的煎熬，与其饱受这样的煎熬使自己摇摆不定，不如打定主意，不受外界和负面情绪的干扰，用一种正确而坚定的信念作为支撑一直走下去，在你心灵挣扎的时候坚决地选择一条正确的道路，就会使心灵永远处于一个正面的积极的情绪影响下，自然就能避免战争的爆发。

第三章　寻求改变，与坏情绪做斗争

改变自己，重塑自我

大多数人想要改造这个世界，但却罕有人想改造自己。可是环境不会轻易改变，解决之道在于改变自己。

过去你可能曾经尝试改变自己，以融入你认为的重要角色。我们要谈的并不是改变自己来顺应这个世界，也不是要如何变得更受人欢迎，或是如何让别人认为你是个成功的人，更不是如何能让社会接受你，如何给你的朋友留下深刻印象。我们要谈的是和你的内在技能、天赋和价值观有关的事，然后让你所拥有的东西引导你通往成功之路，是抛开对自己的错误信念，让你愿意拥抱和接受属于你自己的成功。

有一个大师，一直潜心苦练，几十年练就了一身"移山大法"。

有人虔诚地请教："大师用何神力，才得以移山？我如何才能练出如此神功呢？"

大师笑道："练此神功也很简单，只要掌握一点：山不过来，我就过去。"

谁都知道世上本无什么移山之术，唯一能够移动的方法就是：山不过来，我就过去。

现实世界中有太多的事情就像"大山"一样，是我们无法改变的，至少是暂时无法改变的。如果事情无法改变，我们可以来改变自己。如果别人不喜欢自己，是因为自己还不够别人喜欢。如果无法说服别人，是因为自己还不具备足够的说服能力。如果我们还无法成功，是因为自

116

己暂时还没有找到成功的方法。

要想让事情改变，首先得改变自己。只有改变自己，才会最终改变别人；只有改变自己，才可以最终改变属于自己的世界。所以，如果山不过来，那就让自己过去吧！这可以让我们生活中的困扰迎刃而解。

改变自我，除了改变自己惯常的思维方式之外，改变自己的注意，即转移兴奋中心也是一个重要方面。比如，做一件不寻常、跟你的个性完全不同的事。

如果你从来没有给过无家可归的人一元钱，从今天起，给你第一个看到的乞讨者一元钱，并祝他有个愉快的一天；如果你一向觉得自己戴帽子难看极了，今天就戴一顶帽子，并且表现得就好像戴帽子是世界上最自然的事情一样。要确定至少有一个人注意到你今天有点不一样，并且尽可能地收集别人对这个新的你有什么意见。然后在当天晚上睡觉的时候，回想一下今天最好笑或者是最难忘的时刻，并且重新体会一下那种感觉。然后告诉自己，每当你表现得和自己的个性不一样时，你会拥有更多这样的时刻，别害怕改变自己。

情绪驿站
QINGXUYIZHAN

改变所得到的积极结果是不是比消极结果更有说服力？你希望自己的人生在今后的日子是什么样子？如果你希望自己的人生明天就不一样，那么你今天就必须改变。

改变自己的大忌是同时接下太多责任。我们有不切实际的期望，而且当我们发现自己不是超人时，我们会很失望。没有必要立即改变所有的事，我们有许多时间逐项改变。在为自己设定第一个目标时，考虑自己目前的处境，不要把目标设定得太遥远。

改变自己是重塑自我的开始，所谓"江山易改，禀性难移"，它是一项巨大的工程，如果我们想让自己真切地看到改变的结果，除了有坚强的毅力，明确的目标之外，最重要的就是不能急躁冒进，因为它会让你所有的努力颗粒无收。在一种健康愉悦的状态下有序进行才能让你看到自己努力的成果，在潜移默化中找到新的自我。

简化生活，减少欲望

使自己得到幸福的秘诀不是满足欲望，而是减少欲望。

一位禁欲苦行的修道者，准备离开自己所住的村庄，到山中去隐居修行，走之前他只带了一块布当衣服。

有一天在洗衣服时，他发现自己需要另外一块布来替换，于是就下山向村民们乞讨一块布。村民们都知道他是虔诚的修道者，就毫不吝啬地送给他一块布。

修道者回到山中继续修行。一天无意中他突然发现自己居住的茅屋里有一只老鼠，常常在他专心打坐时撕咬那件准备换洗的衣服。他遵守不杀生的戒律，不想亲自去伤害那只老鼠，却又无法赶走它，只好回到村庄里，向村民要一只猫来饲养。

得到了猫之后，他又想："给猫吃什么呢？自己并不想让猫去吃老鼠啊，但总不能跟我一样只吃野菜吧！"于是他又向村民要了一只乳牛，这样猫就可以靠牛奶维生。

但是，过了一段时间，他发觉自己每天都要花费许多时间来照顾那只乳牛，没有时间打坐修行，于是他又回到村庄，找来一个流浪汉来帮助自己照顾乳牛。

流浪汉在山中居住了几个月，开始有所怨言："我和你不同，我需要一个太太，过正常人的生活。"修道者想一想也有道理，他不能强迫别人也过着禁欲苦行的生活。

第三章　寻求改变，与坏情绪做斗争

119

这个故事就这样演变下去，你可能也猜到了，到了后来，也许是半年以后，整个村庄都搬到山上去了。

欲望就像是一条锁链，一个牵着一个，永远不能满足。更可悲的是，人是不愁为自己的欲望找不到借口的。

我们花了很多时间争取财富，却少有时间享受；我们的房子越来越大，住在家里的人却越来越少；我们有很多食物，却无营养可言；我们到月球去然后回来，却发现到邻居家有多么困难；我们征服了外面的世界，却对自己的内心世界一无所知；我们拥有盘古开天辟地以来最多的自由，但一点也不快乐。

据说上帝在创造蜈蚣时，并没有为它造脚，但是它可以爬得和蛇一样快速。有一天，它看到羚羊、梅花鹿和其他有脚的动物都跑得比它还快，充满了嫉妒，它想："脚多，当然跑得快。"

于是，它向上帝祷告说："上帝啊！我希望拥有比其他动物更多的脚。"

上帝答应了蜈蚣的请求。他把好多好多的脚放在蜈蚣面前，任凭它自由取用。

蜈蚣迫不及待地拿起这些脚，一只一只地往身上贴，从头一直贴到尾，直到再也没有地方可贴了，它才依依不舍地停止。

它心满意足地看着满身是脚的自己，心中窃喜："现在我可以像箭一样地飞出去了！"

但是，等它一开始要跑步时，才发觉自己完全无法控制这些脚，这些脚噼里啪啦地各走各的，只有全神贯注，才能使一大堆脚不致互相绊跌而顺利地往前走。这样一来，它走得比以前更慢了。

凡事都有一个度，超过了这个度，好事就会向坏事方面转化。我们积极追求更高水平的生活本身没有错，但是却不能过度纵容自己的欲望，过多的欲望会让人变得贪婪，而贪婪是导致事情转化的重要因素。同时，一个贪婪的人即使得到再多也不可能真正去享受他所拥有的，因为他的眼里永远只看到自己没有的东西，欲壑难填就是这个意思。

情绪驿站
QINGXUYIZHAN

有句名言说："啜饮蜜糖的苍蝇在甜蜜中丧生。"

我们必须明白欲望不能给我们带来快乐，我们要做的是尽量将自己的生活简单化，减少对物质的过多依赖，简简单单的生活会让人变得神清气爽。当然，我们不能要求每个人都做到清心寡欲，但至少我们可以在简化自己生活的过程中，减少自己的欲望，我们会明白即使我们缺少一些东西生活还是一样过得很好，甚至更快乐，只要懂得享受我们所拥有的就足够了。

疏导排除愤怒的困扰

交通拥挤的十字路口，整个路面成了车的海洋，不耐烦的司机在里面鸣笛叫喊，喇叭声充斥于耳，偶尔有一时气愤难平的司机，不顾安全往前挤，不仅会造成人为灾难，而且会使整个交通处于瘫痪混乱状态。如果没有交警的管理疏导，不知道会拖延到什么时候，造成怎样的后果。假如一个人的情绪失控，不加以疏导的话，会发生什么情况呢？

研究表明，最后失去控制、大发雷霆的人，通常都经历了情绪累积的过程。每一个拒绝、侮辱或无礼的举止，都会给人遗留下激发愤怒的残留物。这些残留物不断地积淀，急躁状态会不断上升，直到失去"最后一根稻草"，个人对情绪的控制完全丧失，出现勃然大怒为止。所以制怒的最好方法不是压抑自己的怒气，而是进行恰当的疏导。

杰拉尔德完全被激怒了，他一把抓起电话机，把它狠狠地丢出了办公室。很自然，他的销售团队被他的狂怒吓坏了。

杰拉尔德之所以会大动肝火，是因为他刚刚经历了一项改善他的团队管理的活动，在这个活动中，他们的工作任务没有完成，这使杰拉尔德的情绪非常坏。不幸的是，他又碰到坏事情，于是，积累下来的情绪就一起爆发出来，以至于事情变得如此糟糕。

在一位顾问的指导帮助下，杰拉尔德辨别出触发他作出愤怒反应的原因，以及如何控制过去偶发事件带给他的积怨。他开始认识到，当他从总公司参加会议回来后，就一直处于最坏的情绪状态中。但是如果他能在会议以前，事实上是在发表意见以前，花几分钟的时间放松一下自己，他根本就不可能发火。

有了这个教训以后，他在遇到不顺心的事情时，或者面对压力时，总是用10分钟的时间，到附近的公园走一走，使自己平静下来。在参加会议时，如果他感觉到愤怒开始困扰自己，就立刻开始做深呼吸，或者通过把手压在臀部下面等方式来控制自己。

这些放松行为，最起码能够阻止他提出最冲动的反对意见，阻止他采取激愤的过激行为，比如，夺门而出。在完全接受了控制自我情绪的观点以后，他逐渐掌握了控制和调整自己的情绪和行为的技巧。

那么，一个已经被惹怒的人怎样控制自己的情绪，进行制怒呢？

第一步，对自己以往的行为进行一番回忆评价，看看自己过去发怒是否有道理，是否把怒气迁怒给别人。一个老板对下属发火，原因是下属工作失误。这位下属不敢对老板生气，回来对妻子乱发脾气。妻子没法，只好对儿子发脾气，儿子对猫发脾气。这一连串的迁怒行动中，只有老板对下属发脾气是有些缘由的，其他则都是无中生有。

所以，在发怒之前，你最好分析一下，发怒的对象和理由是否合适，方法是否适当，这样你发怒的次数就会减少90%。

第二步，低估外因的伤害性。生活中我们可以观察到，易上火的人对鸡毛蒜皮的小事都很在意，别人不经意的一句话，他会耿耿于怀。过后，他又会把事情尽量往坏处想，结果，越想越气，终至怒气冲天。脾气不好的人喜欢自寻烦恼，没事找事，惹点祸来闯闯。

制怒的技巧是，当怒火中烧时，立即放松自己，命令自己把激怒的情境"看淡看轻"，避免正面冲突。当怒气稍降时，对刚才的激怒情境进行客观评价，看看自己到底有没有责任，恼怒有没有必要。

第三步，巧妙地发泄自己的愤怒，而不伤害别人。有个日本老板想出奇招，专辟房间，摆上几个以公司老板形象为模型制作的橡皮人，有怒气的职工可随时进去对"橡皮老板"大打一通，揍过以后，职工的怒气也就消减了大半。

如果你平时生气了，出去参加一次剧烈的运动，看一场电影娱乐一下，出去散散步，这些与痛揍"橡皮老板"有异曲同工之妙。

如果脾气暴躁的人经常发火已成一种习惯，仅让他自己改正它，往往并不能持久，这时可以找一个监督员。一旦露出发怒的迹象，监督员应立即以各种方式加以暗示、阻止。监督员可以请他自己最亲近的人来做。这种方法对下决心制怒但又不能自控的人来说尤为适合。

情绪驿站
QINGXUYIZHAN

人的情绪中有两大暴君——愤怒与欲望，他们与单枪匹马的理性抗衡，感性与理性对心理的影响相反，人的激情远胜于理性。如果你能够学会控制你的愤怒，那么你就不会轻易受到伤害。

愤怒是情绪中可怕的暴君，愤怒行为会伤害他人，也会伤害自己。培根说："愤怒，就像地雷，碰到任何东西都一同毁灭。"如果你不注意培养自己忍耐、心平气和的性情，一碰到"导火线"就暴跳如雷，情绪失控，即便你有再好的人缘，也会因此全部被"炸"掉。

心理学认为，生气是一种不良情绪，是消极的心境，它会使人闷闷不乐，低沉阴郁，进而阻碍情感交流，导致内疚与沮丧。有关医学资料认为，愤怒会导致高血压、胃溃疡、失眠等。据统计，情绪低落、容易生气的人，患癌症和神经衰弱的可能性要比正常人大。同病毒一样，愤怒是人体中的一种心理病毒，会使人重病缠身，一蹶不振。可见愤怒对人的身心有百害而无一利。

怒气似乎是一种能量，如果不加以控制，它会泛滥成灾；如果稍加控制，它的破坏性就会大减；如果合理控制，甚至可能有所创益。所以，在你生气的时候，如果你要讲话，先从一数到十；假如你非常愤怒，那就先数到一百然后再讲话。

专注努力，克服自卑

如果我们做与不做都会有人笑，如果做不好与做得好还会有人笑，那么我们索性就做得更好，来给人笑吧！

有一个农夫整天抱怨自己的命运不好，一辈子都是农夫，被别人看不起，他感觉自己的地位很卑微。

有一天，他弓着腰在院子里清除杂草，天气很热，他脸上不停地冒汗，汗珠一滴一滴地流了下来。

"可恶的杂草，假如没有这些杂草，我的院子一定很漂亮，为什么要有这些讨厌的杂草，来破坏我的院子呢？"农夫这样嘀咕着。

有一棵刚被拔起的小草，正躺在院子里，它回答农夫说：

"你说我们可恶，也许你从来就没有想到过，我们也是很有用的，现在，请你听我说一句吧，我们把根伸进土中，等于是在耕耘泥土，当你把我们拔掉时，泥土就已经是耕过的了。

"下雨时，我们防止泥土被雨水冲掉；在干涸的时候，我们能阻止强风刮起沙土；我们是替你守卫院子的卫兵，如果没有我们，你根本就不可能享受赏花的乐趣，因为雨水会冲走你的泥土，狂风会刮走种花的泥土……你在看到花儿盛开之际，能不能记起我们杂草的好处呢？"

一棵小草并没有因为自己的渺小而自卑，农夫对小草不禁肃然起敬。他擦去额头上的汗珠，然后微笑了。

自卑是一种可怕的消极情绪，其实，任何人都无须自卑，每个人都有自己的特点，重要的是你自己要认识到自己的长处。怀有自卑情绪的人，往往遇事总是认为"我不行"、"这事我干不了"、"这项工作超过了我的能力范围"，大部分的人没有试一试就给你判了死刑。

很多人在遇到失败时往往会说："我真没用！"这句话千万不要使用，因为它不但否定了你的能力，无形之中还懈怠了你前进的信心。

而实际上，只要你专注努力，你是能干好这件事的。一定要克服自卑的情绪，只有这样才能更好地将自己塑造成为一个自信的人。要想消除自卑，获取自信，在此有两件特殊的事要你去做，使你有效运用记忆库建立信心。

第一，只存入积极的思想在你的记忆库里。消极、不愉快的思想一旦存入你的记忆库，将会影响你的心智。消极的思想将使你的精神马上产生不必要的损耗，他们会制造自卑、挫折以及忧虑，当别人前进时，它会使你被自己甩在路旁。每个人都曾遇过许多不愉快、尴尬与泄气的局面。但是成功者和失败者以截然不同的手法来处理这些局面。失败者将它们记在心里，思考这些不愉快的局面，因此在他们的记忆里有了不好的开始，思绪片刻离不开这些情景。在夜晚，这些不愉快的景象是他们最后的记忆。反之，成功者未必将这些不美好的局面存入记忆里去，在经过咀嚼之后，他能吐出残渣，而将积极的思想存入他们的记忆库。

当你与你的思想独处时，回想愉快、欢乐、积极的经验，将好思想存入你的记忆，让你觉得自己越来越好，就能真正拥有信心，也能帮助身体保持正常功能。

第二，只从你的记忆库提出积极思想。现代人由于都市生活压力沉重，每天受到许多来自不同地方的压力，不论公司、朋友、感情生活等等方面都可能对你的心灵造成极大的伤害。由于这些压力无法透过适当管道发泄，或是发泄的方法错误，就产生了许多心理失去平衡的症状。

现在社会也开始注意到这个问题的严重性，开始设立许多心理辅导机构，目的就是要帮助你在这些思想变成折磨你的妖怪之前，毁灭这种消极的思想。这些妖怪时时在人们的内心运作。

情绪驿站
QINGXUYIZHAN

自卑带来的种种恶果都是心理因素所造成，不论问题是大是小，其治疗法在于学会停止从记忆库取出消极思想，取而代之以积极思想。我们在清除自卑残留的同时，更要记住不能再将与自卑有关的消极情绪存入记忆库。一旦我们发现自己处于消极情况时，必须毅然远离它。

强迫自己面对最坏情境

人活一世，看似长久，实则只有"三天"——昨天、今天、明天。昨天，过去了，不再烦；今天，正在过，不用烦；明天，还没到，烦不着。所以说，这个世界上本来就没有什么是值得我们所忧虑的。

聪明的犹太人说，这世界上卖豆子的人应该是最快乐的，因为他们永远不担心豆子卖不出去。假如他们的豆子卖不完，可以拿回家去磨成豆浆，再拿出来卖；如果豆浆卖不完，可以制成豆腐；豆腐卖不完，变硬了，就当豆腐干来卖；豆腐干再卖不出去的话，就腌起来，变成腐乳。

还有一种选择：卖豆人把卖不出去的豆子拿回家，加上水让豆子发芽，几天后就可改卖豆芽；豆芽如卖不动，就让它长大些，变成豆苗；如果豆苗还是卖不动，再让它长大些，移植到花盆里，当做盆景来卖；如果盆景卖不出去，再把它移植到泥土中去，让它生长，几个月后，它结出了许多新豆子，一颗豆子现在变成了很多豆子，想想那是多划算的事！

一颗豆子在遭遇冷落的时候，都有无数种精彩的选择，何况一个人呢？人至少应该比一颗豆子坚强些吧。那么，我们还有什么好忧虑的呢？

如果这些理论上的方法对于你仍然无法奏效的话，面对生活中的忧虑卡瑞尔的方式一定对你有所帮助。

卡瑞尔是一个很聪明的工程师，他开创了空气调节器的新时代，他曾经是纽约州瑞西世界闻名的卡瑞尔分公司的负责人。年轻的时候，卡瑞尔在纽约州的水牛钢铁公司做事。他必须到密苏里州水晶城的匹兹堡玻璃公司（一座花费好几百万美元建造的工厂），去安装一架瓦斯清洁机，目的是消除瓦斯里的杂质，使瓦斯燃烧时不至于损伤到引擎。这种清洁瓦斯的方法是新方法，以前只试过一次，当他到密苏里州水晶城工作的时候，很多事先没有想到的困难都发生了。经过一番调整之后，机器可以使用了，可是效果并不能达到他所保证的程度。

卡瑞尔对自己的失败非常吃惊，觉得好像是有人在他头上重重地打了一拳。他的胃和整个肚子都开始翻涌起来，有好一阵子，他担忧得简直没有办法睡觉。

最后，他觉得忧虑并不能够解决问题。他根据自身的体会感受，总结出一个不需要忧虑就可以解决问题的办法，结果非常有效。

这个办法非常简单，任何人都可以使用，它有三个步骤：

第一步，先毫不害怕而诚恳地分析整个情况，然后找出万一失败可能发生的最坏情况。没有人会把你关起来，或者把你枪毙。不错，你很可能会丢掉工作，也可能会让你的老板投下去的资金泡汤。

第二步，找出可能发生的最坏情况之后，让自己在必要的时候能够接受它。你可以对自己说："这次的失败，在我的记录上会是一个很大的污点，可能我会因此而丢工作。但即使真是如此，我还是可以另外找到一份工作。"

第三步，发现可能发生的最坏情况，并让自己能够接受。有一件非常重要的事情发生了，我们可以马上轻松下来，感受到几天以来的第一份平静。当我们强迫自己面对最坏的情况，而在精神上接受它之后，我们就能够衡量所有可能的情形，使我们处在一个可以集中精力解决问题的地位。

席勒说："忧虑像一把摇椅，它可以使你有事做，但却不能使你前进一步。"可见，忧虑本身不能解决任何问题，但是却让人情不自禁。忧虑的最大坏处，就是会毁了我们集中精神的能力。在我们忧虑的时候，我们的思想会难以集中，而丧失正确判断事物的能力。要消除忧虑的困扰不如学学卡瑞尔的做法。如果我们能将事前的忧虑，换为事前的思考和计划，效果当然更好！

第三章　寻求改变，与坏情绪做斗争

131

离开怠惰的泥潭

每一个城市、乡村都有一些落魄无为者。如果仔细分析一下这些不幸的人们，你将发现，他们都有一个非常显著的缺点——怠惰。

缺乏行动使他们陷到某种"泥潭"之中。除非他们意外地被迫离开这个"泥潭"——需要不同寻常的行动——他们就将一直深陷其中。不仅如此，怠惰也许会成为毁掉你一生的大敌。

两匹马各拉一辆大车。前面的一匹走得很好，而后面的一匹常常停下来。于是人们就把后面一辆车上的货挪到前面一辆车上去。等到后面那辆车上的东西都搬完了，后面那匹马便轻快地前进，并且对前面那匹马说："你辛苦吧，流汗吧，你越是努力干，人家越是要折磨你。"

来到车马店的时候，主人说："既然只用一匹马拉车，我养两匹马干吗？不如好好地喂养一匹，把另一匹宰掉，总还能拿到一张皮吧。"于是，他便这样做了。

自以为聪明的懒惰最终会害了你，这一点没有什么可怀疑的。一个人工作时所具有的精神，不但对于工作的效率有很大关系，而且对于他本人的品格，也有重要影响。工作就是一个人的人格的表现，你的工作就是你的志趣、理想，只要看到了一个人所做的工作，就"如见其人"了。

老板不在身边却更加卖力工作的人，将会获得更多奖赏。如果只有在别人注意时才有好的表现，那么你永远无法达到成功的顶峰。如果你对自己的期望比老板对你的期许更高，那么你就无须担心会失去工作。同样，如果你能达成自己的最高标准，那么升迁晋级也将指日可待。

如果你的心中也有一匹偷懒的马，那么，赶紧将其驱除吧，小心它会将你拉进失败的陷阱。

比怠惰的行为更加可怕的是怠惰的心理，它相当于一种慢性自杀，会逐渐侵蚀掉你的生命。如果你安于现状，奋斗的激情就会渐渐失去，随之而来的是每一天的简单重复和越来越多的危机。

一只小青蛙厌倦了常年生活的小水沟，而且水沟的水越来越少，没有什么食物了。它每天都不停地蹦，想要逃离这个地方。而它的同伴整日懒洋洋地蹲在浑浊的水洼里，说："现在不是还饿不死吗？你着什么急？"终于有一天，小青蛙纵身一跃，跳进了旁边的一个大河塘，里面有很多好吃的，可以自由游弋。

小青蛙呱呱地呼唤自己的伙伴："你快过来吧，这边简直是天堂！"但是它的同伴说："我在这里已经习惯了，我从小就生活在这里，懒得动了！"

不久，小水沟里的水干了，小青蛙的同伴活活饿死了。

小青蛙的同伴因为懒得动而最终使自己饿死在小水沟里。每个人都知道小青蛙的做法是明智的，可是大部分的人却重复着其同伴的行为，因为他们懒得动，就是这种惰性让人们意识不到自己已经处于了一个危险的境地，最后不仅什么也得不到，而且还将失去一切。

情绪驿站 QINGXUYIZHAN

倦怠乃人生之大患，人们常叹人生短暂，其实人生悠长，只是由于不知它的用途。这话并不难理解，当你勤快起来去做事，你就会在同样的时间里，做更多的事情，那么你的人生就比别人多出好多时间，相反，如果你虚耗时间，眼睁睁地看着时间一分一秒地流逝而不行动起来，那么，你的人生必然缩短。所以，不要再有那种"做一天和尚撞一天钟"的情绪，那样也许你现在还真的是"过得去"，但也仅此而已，你的生活激情却将不复存在。

第三章 寻求改变，与坏情绪做斗争

133

冲破固有的思维屏障

你越是为了解决问题而拼斗，你就越变得急躁——在错误的思路中陷得越深，也越难摆脱痛苦。"大鱼吃小鱼"，这是大自然的规律，然而科学家通过一项特别实验，却得到了不同的结论。

研究人员将一个很大的鱼缸用一块玻璃隔成了两半，首先在鱼缸的一半放进了一条大鱼，连续几天没有给大鱼喂食，之后，在另一半鱼缸里放进很多条小鱼，当大鱼看到了小鱼后，就径直地朝着小鱼游去，但它没有想到中间有一层玻璃隔着，所以被玻璃顶了回来。第二次，它使出了浑身的力气，朝小鱼冲去，但结果还是一样，这次使得它鼻青眼肿，疼痛难忍，于是它放弃了眼前的美食，不再徒劳了。

第二天，科学家将鱼缸中间的玻璃抽掉了，小鱼们悠闲着游到了大鱼的面前，而此时的大鱼再也没有吃掉小鱼的欲望了，眼睁睁地看着小鱼在自己面前游来游去……

其实，很多人心灵中也有无形的"玻璃"，他们不敢大胆地表明自己的观念，或者在挫折面前采取"一朝被蛇咬，十年怕井绳"的态度。一个人要走向成功，就要不断地打碎心中的这块"玻璃"，超越无形的障碍！

很多人不敢追求成功，不是追求不到成功，而是因为他们的心里面已经默认了一个"高度"，这个高度常常暗示自己的潜意识：成功是不可能的，这个是没有办法做到的。因此，"心理高度"是人无法取得伟大成就的根本原因之一。所以，如果你想要成绩卓著，而不想碌碌无为，那就要尝试着去做一些改变，善于打破陈腐规则、突破自我局限，而不能因循守旧、不敢轻易脱离既定环境。很多时候，我们不是被别人束缚，而是被自己的思维束缚。

其实，一个人的潜力是无穷的，就像一句广告词所说的那样："一切皆有可能！"如果真的遇到了自己认为解决不了的事情，那是因为我们没有考虑如何发挥自己的潜能。所以，人应该学会经常反省自己，要知道自己在做什么、为什么要做、做到了什么程度、怎样努力才能获得成功……想要追求成功，就不能给自己设限，尤其不能给思想设限。

情绪驿站 QINGXUYIZHAN

据说在美国的航天基地的一根大圆柱上镌刻着这样的文字：If you can dream it, you can do it. 这句话的意思是：如果你能够想到，你就一定能够做到。一个人在个人生活经历和社会遭遇中，如何认识自我，在心里如何描绘自我形象，也就是你认为自己是个什么样的人——成功或是失败，勇敢或是懦弱，都将在很大程度上决定着个人的命运。

自我认定的转换很可能是人生中最有趣、最神奇和最自在的经验，当你换了个自我认定，撕掉贴在身上的旧标签，你很可能就此超越了过去。改变和扩展自我认定，是一个艰难的过程。然而，如果你不满意当前的自我认定，并下定决心去改变它，冲破固有的思维屏障，那么，你的人生将迅速而奇妙地得到改善，你会发现一个崭新的自己。

第三章 寻求改变，与坏情绪做斗争

把障碍和失败作为成功的垫脚石

障碍与失败，是通往成功最可靠的垫脚石，肯研究、利用它们，便能从失败中培养出成功。那些不愿屈服于障碍的人是成熟的人，身处黑暗的世界仍能为自己负责。他们不以求乞为生，不绝望也不找借口。

有一次，贝尔向他的朋友华盛顿特区美国国立博物馆馆长约瑟夫·亨利抱怨：他在工作中遇到了阻碍，原因是他不懂电学知识。亨利没向贝尔表示同情，也没安慰他，说："的确可惜，小伙子，你没花时间研习电学真是可惜了。"

他没说贝尔需要一份奖学金或是需要父母的帮助，让他心里好受些。他只是告诉贝尔："去学吧！"贝尔真的去学了，他学会并研究出称得上通讯科学历史上最伟大的贡献之一的电话。

贫穷也是障碍，但我们有理由因贫穷而逃避责任、甘心认输吗？

美国前总统赫伯特·胡佛只不过是依阿华的一个铁匠的儿子，而且他的父亲去世得很早。

国际商用机器公司的总裁托马斯·J.华生曾经是一个书记员，每周只赚两美元，一部机器都没有。

电影界泰斗阿道夫·朱柯以毛皮商助手的身份，经营着他的第一家小游乐场。

以上这些人从不强调他们受到贫穷的阻碍。他们只想着克服障碍，不会浪费时间去自怨自艾。

世界上还有很多虽遇障碍却仍然伟大的人物：拜伦是个跛脚，朱利阿斯·恺撒患有癫痫症，贝多芬的耳朵后天失聪，拿破仑身材短小，莫扎特为哮喘病所苦，富兰克林·D.罗斯福是个小儿麻痹症患者，海伦·凯勒在盲聋中度过一生。歌唱家珍·弗洛曼因飞机失事严重受伤，但她奋力康复，重放异彩。女演员苏珊·鲍尔虽因截去一只脚而影响了幸福婚姻，却在电影界大获成功。

这些人本可以把早期的恶劣环境当作最好的借口。然而他们却排除了障碍走上了各自成功的道路。他们都是不愿屈服于障碍的人。

萧伯纳十分鄙视那些因环境的阻碍而抱怨的人。"总是抱怨环境只能使他们成为今天这样，"他写道，"我不相信环境之类的借口。世上有成就的人都是主动寻找适宜他们的环境的人，找不到，他们会自己创造。"

其实，如果刻意去找，每个人都可以找到值得抱怨的"障碍"。年轻时也许你为自己的烦恼找到一个理由：那时你比多数的同学高。但是过了几年以后你就会认识到这很可笑，个子高可能是个短处，也可能是个长处，这全看一个人的态度而定。

与我们的邻居相比，如果我们只有一条腿而他有两条，如果我们比他没钱或比他有钱，如果我们肥胖、瘦弱、美丽、丑陋、金发、黑发、内向或外向，只要我们想给自己制造障碍，我们只需找出自身与他人的任何一点不同之处。

😊 情绪驿站
QINGXUYIZHAN

任何的限制，都是从自己的内心开始的。如果你藐视障碍，障碍就不存在。或者说，一切障碍都不过是一些外在的客观条件而已，它们都不难克服，真正难以克服的是我们以这些外在条件为借口产生的心理障碍。不成熟的人愿意把自己的不同之处当作障碍，渴望别人特别加以考虑。只有心灵成熟的人能认清自己不同于他人的特征，或接近或改进。

卷起袖子迎接挑战

征服畏惧、建立自信的最快最切实的方法，就是去做你害怕的事，直到你获得成功的经验。

有一天，有人问一位登山专家："如果我们在半山腰，突然遇到大雨，应该怎么办？"

登山专家说："你应该向山顶走。"

他觉得很奇怪，不禁问道："为什么不往山下跑？山顶风雨不是更大吗？"

"往山顶走，固然风雨可能会更大，它却不足以威胁你的生命。至于向山下跑，看来风雨小些，似乎比较安全，但却可能遇到暴发的山洪而被活活淹死。"登山专家严肃地说，"对于风雨，逃避它，你只有被卷入洪流；迎向它，你却能获得生存！"

逃离困难，躲避风险，会把一个人的活力与成长力剥夺殆尽。没有与困难斗争的经历就不是真正的人生。败者总想找捷径，但赢家以达到目标为信念，在挫折面前，他们会卷起袖子来努力迎接挑战。

生活中，风险几乎无处不在，无时不有。乐于迎战风险的人，才有战胜风险、夺取成功的希望。贪恋于温室中，蜷缩在保护伞下，并非你的选择。妄想处于一个没有风险的世界，只能是天方夜谭。俗谚说："冒险越大，荣耀越多。"

很多年轻人在开始做事的时候往往便给自己留着一条后路，作为遭遇困难时的退路。这样怎么能够成就伟大的事业呢？

一个人无论做什么事，务须抱着绝无退路的决心，勇往直前，遇到任何困难、障碍都不能后退。如果立志不坚，时时准备知难而退，那就绝不会有成功的一日。

一生的成败，全系于意志力的强弱。具有坚强意志力的人，遇到任何艰难障碍，都能克服困难，消除障碍。但意志薄弱的人，一遇到挫折，便思求退缩，最终归于失败。实际生活中有许多年轻人，他们很希望上进，但是意志薄弱，没有坚强的决心，不抱着破釜沉舟的信念，一遇挫折，立即后退，所以终遭失败。

一旦下了决心，不留后路，竭尽全力，向前进取，那么即使遇千万困难，也不会退缩。如果抱着不达目的绝不罢休的决心，就会不怕牺牲，排除万难，去争取胜利，把那犹豫、胆怯等妖魔全部赶走。在坚定的决心下，成功之敌必无藏身之地。

公元前1世纪，罗马的恺撒大帝统领他的军队进攻英格兰。

恺撒虽然充满了必胜的信心，但他也要号召自己的将士与自己共同浴血奋战。他该怎么办呢？

在所有将士抵达英格兰后，他让人将所有运送他们的船只聚拢在一起，然后在大家惊愕的目光中，把船只烧毁了。

在漫天的火光中，恺撒登上一处高地，大声说："现在所有的船只都已被烧掉了，也就是说，除非我们能够打败敌人，否则绝无退路。"

将士们都明白失败就意味着死亡，所以奋勇作战，最后，终于获得了胜利。

破釜沉舟的军队，才能决战制胜。同样，不给自己留退路，才能鼓足勇气全力去实现自己的目标。

有人喜欢把重要问题搁在一边，留待以后解决，这其实是个恶习。如果你有这样的倾向，应该尽快将其抛弃，你要训练自己学会敏捷果断地做出决定。我们不能果断作出决断，多数是因为我们害怕，我们不敢正视眼前的困难，怯懦的结果是让我们一败涂地。许多人害怕承担需做决定、并执行决定的责任。他们宁愿躲避出现差错会受责怪的恐惧，也不去争取获取成功的希望。所以他们尽可能不承担需要负责任的工作，如果必须做决策，他们就把自己置于担忧、恐慌和迟疑的深渊中。对必要的行动的拖延又会在内心引起冲突和迷乱，直至身心崩溃，造成自己一直担心的后果。 所以，我们必须摆脱怯懦的纠缠，无论当前问题是多么的严重。

要克服这种心理，就要强迫自己去做自己害怕的事。你固然应该把这问题的各方面都顾及到，加以慎重地权衡考虑，但千万不要陷于优柔寡断，因为害怕不能解决问题，勇往直前才能找到出路！

遇到事情当机立断

对很多人来说，犹豫不决的痼疾已经病入膏肓，这些人无论做什么事，总是给自己留着一条退路，绝无破釜沉舟的勇气。他们不明白把自己的全部心思贯注于目标，是可以生出一种坚强的自信的，这种自信能够破除犹豫不决的恶习，把因循守旧、苟且偷生等成功之敌，统统捆绑起来。

在紧急情况下，任何一个合情合理的命令都要比没有命令好。情况就摆在那里，你要去面对它。行动起来，甚至错误的行动都比踌躇不决要好。思前想后不知如何是好，最终只会一事无成。另外，既然决定了行动方向，就要坚持不变，不要摇摆不定。

古希腊的佛里几亚国王葛第士以非常奇妙的方法在战车的轭上打了一串结。他预言：谁能解开这个结，就可以征服亚洲。一直到公元前334年还没有一个人能将绳结解开。这时，亚历山大率军入侵小亚细亚，他来到葛第士绳结前，不加考虑、毫不犹豫便拔剑砍断了它。后来，他果然一举占领了比希腊大50倍的波斯帝国。

困难在很多时候就像那个看似解不开的结，然而果断的决策就是那一把利剑。面对困难和危险我们往往是不能等待的，因为它没有给优柔寡断留下等待的时间。就像下面的这个故事：

一个孩子在山里割草，不小心被毒蛇咬伤了脚。孩子疼痛难忍，而医院在远处的小镇上。孩子毫不犹豫地用镰刀割断受伤的脚趾，然后忍着剧痛艰难地走到医院。虽然缺少了一根脚趾，但这个孩子以短暂的疼痛保住了自己的生命。

　　试想如果这个孩子面对自己被咬伤的脚趾而犹豫不决，那么他的结果是怎样的便可想而知。因此，在问题面前我们应该向亚历山大和那个孩子学习，改掉优柔寡断的毛病，唯有如此才能避免更大的损失，取得更辉煌的成就。

 情绪驿站
QINGXUYIZHAN

　　当机立断的人，遇到事情就会迅速做出决策。而优柔寡断的人，进行决策时，总是逢人就要商量，即便再三考虑也难以决断，这样终至一无所成。无论是事业还是生活中，我们总会遇到一些关键的时刻，在这个时候重要的不是怎样作出决定，而是必须作出某种决断。如果你养成了决策以后一以贯之、不再更改的习惯，那么在做决策时，就会运用你自己最佳的判断力。但如果你的决策不过是个实验，你还不认为它就是最后的决断，这样就容易使你自己有重复考虑的余地，就不会产生一个成功的决策。

不给嫉妒芒刺留下生长空间

嫉妒是一种叫人痛苦的感情，可是人们却乐此不疲。

一只蜗牛对一只青蛙颇有成见，见面时总是不理不睬的，这让青蛙觉得很难受。

有一天，忍耐许久的青蛙决定问个究竟："蜗牛先生，我是不是有什么地方得罪了你，你才这么讨厌我。"

看到青蛙态度如此坦诚，蜗牛感叹地说："你们有四条腿可以跳来跳去，我却只能背着沉重的壳，贴在地上爬行，心里不是滋味儿啊！"

青蛙说："家家有本难念的经。你只是看见了我们的快乐，却没有看见我们痛苦的样子。"

"你们也有痛苦？"蜗牛对青蛙的话表示怀疑。就在这时，一只巨大的老鹰突然袭来，蜗牛迅速地躲进壳里，青蛙却被一口吃掉了。

嫉妒别人常带给我们更多的痛苦，但若去想想自己所拥有的，将会带给我们更多的感恩及幸福。

有个人饲养着山羊和驴子。主人总是给驴子喂充足的饲料，嫉妒心很重的山羊便对驴子说，你一会儿要推磨，一会儿又要驮沉重的货物，十分辛苦，不如装病，摔倒在地上，便可以得到休息。

驴子听从了山羊的劝告，摔得遍体鳞伤。

主人请来医生，为它治疗。医生说要将山羊的心肺熬汤作药给它喝，才可以治好。

于是，主人马上杀掉山羊去为驴子治病。

因为嫉妒而出卖、陷害他人，向来为人所恨，而出卖亲友的人更是不会得到好下场。

嫉妒的想法就是以别人拥有我们所没有的某样东西为基础。这种想法会使我们和别人不一样，让我们把注意力都集中在自己没有的东西上。嫉妒常常也包括了不喜欢别人，因为别人拥有我们想要的东西。在我们心里，这一点也使我们联想到"成功会使别人不喜欢我"，因为大部分的我们都希望有人爱，我们不会故意做一些让人讨厌的事。

例如，玛丽出身于贫穷家庭，她一直都很嫉妒家中富有的同学，她觉得自己和别人不一样。为了减轻自己的嫉妒心，她告诉自己："我或许没有钱，但至少我很快乐。"她告诉自己，有钱和快乐是两回事。她发现，为了成功，她必须放弃自己对有钱人嫉妒和怀恨的感觉，当她觉得自己和比自己有钱的人一样平等时，她发现自己就可以学习增加财富的技巧了。

嫉妒这种感情经常被人与爱混为一谈。实际上，它是我们缺乏激发自己情爱能力的结果，是占有、驾驭他人的欲望。用付出来取代这种欲望就能克服嫉妒。

当占有、嫉妒和支配这些异质的因子占据我们的内心的时候，我们对他人真实的爱便会逐渐消失。如果任野草蔓生不予以清除，那么世上最美的花园也会荒芜。

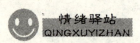

情绪驿站
QINGXUYIZHAN

嫉妒是一种恨，此种恨使人对他人的幸福感到痛苦，对他人的遭殃感到快乐。然而这种恨像一根芒刺一样，真正刺痛的不是别人而是自己。所以，如果我们想让自己的生活变得幸福，就不能给嫉妒留下生长的空间。我们可以做到，只要不再把自己的短处拿来跟别人的长处比较，不再去看别人拥有自己没有的东西，把视线从别人身上转移到自己身上，试着改变自己，并学会爱上自己，嫉妒的心理就会无处容身了！

铲除逃避敢冒风险

人生舞台的大幕随时都可能拉开，关键是你愿意表演，还是选择躲避。

一次，有人问一个农夫是不是种了麦子。农夫回答："没有，我担心天不下雨。"

那个人又问："那你种棉花了吗？"农夫说："没有，我担心虫子吃了棉花。"

于是那个人又问："那你种了什么？"农夫说："什么也没种。我要确保安全。"

一个不冒任何风险的人，什么也不做，就像这个农夫一样，到头来，什么也没有，什么也不是。他们逃避了痛苦和悲伤，但他们也不能学习、改变、感受、成长和生活。他们被自己的态度捆绑着，是丧失自由的奴隶。

不愿意冒风险的人，不敢笑，因为他们怕冒显得愚蠢的风险；他们不敢哭，因为怕冒显得多愁善感的风险；他们不敢暴露感情，因为怕冒露出真实面目的风险；他们不敢向他人伸出援助之手，因为怕冒被牵连的风险；他们不敢爱，因为怕冒不被爱的风险；他们不敢希望，因为怕冒失望的风险；他们不敢尝试，因为怕冒失败的风险……

但是逃避不是办法，我们必须勇敢面对，因为生活中最大的危险就是不冒任何风险。

鸵鸟在遇到危险的时候常常有掩耳盗铃的举动，把自己的头藏在

146

沙土中获得心灵上的解脱。生活中我们虽然知道好多事情不能躲避，必须坚强面对，要冒风险，但还会在心底存留着那种逃避和寻求安慰的想法。其实，困难和风险也是欺软怕硬的，你强它就弱，你弱它就强。我们要时刻记得，最困苦的时候，没有时间去流泪；最危急的时候，没有时间去犹豫。逃避现实就意味着失败和死亡。

☺ **情绪驿站**
QINGXUYIZHAN

　　人生中，风险几乎无处不在，无时不有。乐于迎战风险的人，才有战胜风险、夺取成功的希望。贪恋蜷缩在温室中、保护伞下，并非明智的选择。妄想处于一个没有风险的世界，只能是天方夜谭。如果我们拥有坚定的信念，就必须坚持信念做好每一件事。信念从不让人失望，我们却往往因逃避困难而放弃信念。

　　逃避是一种心理状态，即使你现在有工作，有地位，很成功，也不能说明你不是一个逃避现实的人，逃避的方式很多，原因也很多。可是，无论你在逃避什么，你都应该明白，逃避并不是解决问题的方法，不要拿自己还没有做好心理准备当借口，该面对的你终将是要去面对的。

不能让沮丧无限制地蔓延

相信很多人现在都生活在沮丧之中，因为生活的不如意，因为失败，因为丧失了信心。可是沮丧的心态不会自动消失，不仅如此还会无限制地蔓延，它让我们无法正常工作，快乐的生活变得遥不可及。所以，沮丧并不是一个好东西，我们需要尽快摆脱它，使自己的生活重新步入正常的轨道。

那么，应该如何去做呢？下面的故事也许会给你带来一些启发：

罗维尔·汤马斯的人生出现了高潮。首先，他主演了一部关于劳伦斯和艾伦贝在第一次世界大战中出征的著名影片。

而更好的是：影片用上了他和几名助手在几处战事前线拍摄的战争的镜头，他们用影片记录了劳伦斯和他那支多彩多姿的阿拉伯军队，也记录了艾伦贝征服圣地的经过。影片中，他那个穿插在电影中的演讲——"阿拉伯的劳伦斯与巴勒斯坦的艾伦贝"，在伦敦和全世界都造成了轰动。

伦敦的歌剧决定延后六个礼拜，仅仅为了让他在卡文花园皇家歌剧院继续讲这些冒险故事，并放映他的影片。在伦敦得到巨大成功之后，罗维尔·汤马斯又很成功地旅游了好几个国家，然后他花了两年的时间，准备拍摄一部在印度和阿富汗生活的纪录影片。

不幸的事情在这个时候发生了：经过一连串令人难以置信的霉运后，不可能的事情发生了——罗维尔·汤马斯发现自己破产了。

日子开始窘迫起来。汤马斯不得不到街口的小饭店去吃很便宜的食物。事实上，如果不是知名画家詹姆士·麦克贝借给汤马斯钱的话，他甚至连那点菲薄的食物也吃不到。

庞大的债务、窘迫的生活一下子压在了罗维尔·汤马斯身上，虽然他极度失望，但他很自信，并不忧虑。他知道，如果他被霉运弄得垂头丧气的话，他在人们眼里就会不值一钱，尤其是他的债权人。

因此，每天早上出去办事之前，罗维尔·汤马斯都要买一朵花，插在衣襟上，然后昂首走上街。

显然，罗维尔·汤马斯的思想很积极勇敢，不让挫折把他击倒。对他来说，挫折是整个事情的一部分——是他要爬到高峰所必须经过的有益训练。

事实也确实如此。我们必须关心我们的问题，但是不能忧虑。关心的意思就是要了解问题在哪里，然后很镇定地采取各种步骤去加以解决，而忧虑却是发疯似的在绕着小圈子，这对于解决事情没有一点帮助。

情绪驿站
QINGXUYIZHAN

或许你让别人对你有负面的期待。或许你教别人对你的期望不要太高。消极否定的心理暗示常常会变成一种循环。你认为自己不够好，所以你和支持你信念的人在一起。他们在你身上设定了期待和限制，而你就按照这样的期待和限制生活。

悲观的心态泯灭希望，乐观的心态则能激发希望。当然，这并不是说，对于所有的困难，我们都应该用习惯性的乐观态度去对待它。我们鼓励的是对事情要有趋向正面的态度，而不要采取反面的态度。沮丧不会让我们得到更多，所以与其让沮丧侵蚀自己的生活，不如试试调整自己的心态，使它趋向正面的态度，只有让精神振奋起来，才有可能看到希望和未来！

每天给自己一个希望

这世上的一切都借希望而完成，农夫不会剥下一粒玉米，如果他不曾希望它长成种粒；单身汉不会娶妻，如果他不曾希望有孩子；商人也不会去工作，如果他不曾希望因此而有收益。

有位医生素以医术高明享誉医务界，事业蒸蒸日上。但不幸的是，就在某一天，他被诊断患有癌症。这对他不啻是当头一棒。他曾一度情绪低落，可是最终他不但接受了这个事实，而且他的心态也为之一变，变得更宽容、更谦和、更懂得珍惜所拥有的一切。在勤奋工作之余，他从没有放弃与病魔搏斗。就这样，他已平安度过了好几个年头。有人惊讶于他的事迹，就问他是什么神奇的力量在支撑着他。

这位医生笑盈盈地答道："是希望，几乎每天早晨，我都给自己一个希望，希望我能多救治一个病人，希望我的笑容能温暖每个人。"

这位医生不但医术高明，做人的境界也很高。

在这个世界上，有许多事情是我们难以预料的。我们不能控制际遇，却可以掌握自己；我们无法预知未来，却可以把握现在；我们不知道自己的生命到底有多长，但我们却可以安排当下的生活；我们左右不了变化无常的天气，却可以调整自己的心情。只要活着，就有希望，只要每天给自己一个希望，我们的人生就一定不会失色。

亚历山大大帝给希腊世界和东方、远东的世界带来了文化的融合，开辟了一直影响到现在的"丝绸之路"的丰饶世界。据说他为此投入了全部热情与活力，出发远征波斯之际，曾将他所有的财产分给了大臣。

为了登上征伐波斯的漫长征途，他必须买进种种军需品和粮食等，为此他需要巨额的资金。但他却把全部财产都给臣下分配光了。

群臣之一的庇尔狄迦斯深以为怪，便问亚历山大大帝："陛下带什么起程呢？"

对此，亚历山大回答说："我只有一件财宝，那就是'希望'。"

据说，庇尔狄迦斯听了这个回答以后说："那么请允许我们也来分享它吧。"

于是他谢绝了分配给他的财产，而且大臣中的许多人也仿效了他的做法。

希望究竟是什么呢？是引爆生命潜能的导火索，是激发生命激情的催化剂。只要心存信念，总有奇迹发生，希望虽然渺茫，但它永存人世。

美国作家欧·亨利在他的小说《最后一片叶子》里讲了个故事：

病房里，一个生命垂危的病人从房间里看见窗外的一棵树的叶子，在秋风中一片片地掉落下来。病人望着眼前的萧萧落叶，身体也随之每况愈下，一天不如一天。她说："当树叶全部掉光时，我也就要死了。"一位老画家得知后，用彩笔画了一片叶脉青翠的树叶挂在树枝上。

最后一片叶子始终没掉下来。只因为生命中的这片绿，病人竟奇迹般地活了下来。

所以，人生可以没有很多东西，却唯独不能没有希望。希望在人类生活中具有重要的价值。有希望之处，生命就生生不息！

情绪驿站
QINGXUYIZHAN

鲁迅先生说："希望是附丽于存在的，有存在，便有希望，有希望，便是光明。"所以，要想让自己拥有光明的人生，就不能放弃希望。生命是有限的，但希望是无限的，只要我们不忘每天给自己一个希望，我们就一定能够拥有一个丰富多彩的人生。每天给自己一个希望，就是给自己一个目标，给自己一点信心。每天给自己一个希望，我们将活得生机勃勃，激昂澎湃，哪里还有时间去叹息去悲哀，将生命浪费在一些无聊的小事上。

坚持属于自己的信念

伟人之所以伟大，是因为他们与别人共处逆境时，别人失去了信心，他们却下决心实现自己的目标。

常胜将军每次率领将士出征的时候，都会在出发时集结大军，鼓舞士气。

一次，敌军势力强大，而他的军队比敌人的一半还要少。他照例当着全军将士的面说："这一仗我们生死未卜，我请求神灵给我指示。如果我手中的20枚铜币全部正面朝上，就表明我军能够凯旋。"

下面的士兵唯恐出现不祥之兆，都不敢看。只见常胜将军一扬手，铜钱咣当落地，全军屏息凝气，一看全部都是正面朝上，一时间欢声雷动，士气大振。最后，这一战果然大获全胜。

有人好奇地问他："你真是厉害，怎么从来就没有失败过呢？难道真有神灵保佑吗？"

常胜将军回答说："只要士气高涨，充满必胜的信念，还有什么赢不了的呢？只是我手中的铜钱两面都是一样的罢了。"说罢，他爽朗地笑了。

在战场上，相信自己能赢，才能产生勇往直前的勇气，即使遇到强劲的敌人，也会想方设法打败对手。同样，在工作和生活中，如果满怀信心，你的智慧和热情就会被激发出来，一定能无往而不利。

住在加拿大的丽莲·海德莱太太走向成熟的过程就是以上真理的印

证。海德莱太太开朗快乐，是一个普通的家庭主妇和母亲，有一天，她驾车出行不小心翻入一道深沟。

最初海德莱太太的脊椎骨被误诊为已经摔断，但是，X光照片上看不出她的脊椎骨已折断，不过是骨刺脱离了外面的附着物。医生要她至少卧床3个星期，并且告诉了她这个不幸的消息。

"做好心理准备，"医生说，"你的脊椎骨严重硬化，也许5年之后，你就不能动了。"

海德莱太太这样回忆当时的情形：

"当时，我被吓呆了。我向来活泼开朗，喜欢克服一切困难，但是如今有个无法克服的困难出现了。我的勇气和乐趣因卧床的时间从3个星期向无限期延长而逐渐丧失。我的内心越来越恐惧，越来越软弱。

"有一天早上，我的神智十分清醒。我对自己说，5年并不是很短的时间啊！我能帮助家人做很多事情。配合医生的治疗，再加上我的决心，也许我的状况能得到改善。我不想未经奋斗就投降，我要尽我所能活动起来。一旦有了信念和决心，我突然来了力量，我要马上行动。软弱和恐惧不复存在，我挣扎着下了床……我的新生活开始了。

"我不断地以两个字激励自己：'继续，继续，继续！'

"大约5年半以前，一个清爽的早晨。我照了X光，脊椎骨至少再过5年也不会有问题。医生要我积极乐观，对生活充满兴趣，勇敢地活下去。我也正有此念，只要有一块肌肉能动，我就要继续活下去。"

海德莱太太的故事又是一个因拥有信念、坚持信念而走向成熟的很有启发性的例子。信念不是别人给的，只要愿意，每个人都能拥有属于自己的信念，信念是支持我们走下去的一盏明灯，有了它我们的生命才有了方向。

　　所谓信念，就是信任自己心灵的力量。因为有信心，潜藏在你意识中的精力、智慧和勇气就会被调动起来，帮助你获得财富和事业上的成就。一个有信念的人会抓取并创造出更多的机遇。相反，那些缺乏信心、优柔寡断的人只能畏畏缩缩地坐等机遇，但世界上哪有这么多机遇砸到头上呢？即使有机遇，恐怕也会失之交臂。

　　那些成功人士的身上都隐藏着一股巨大的力量——信念。大富翁巴菲特尤其善于投资，他有两条最基本的原则：第一条，不许失败；第二条，记住第一条。他用"不许失败"来暗示自己，把自己逼到"必须成功"的"绝路"上，成功就成为早晚的事情。

　　心中有了信念，你才能挺起胸脯面对那些困难，而那些经常说"做不到"的人将永远蜷缩在失败的角落。信念的衍生物就是希望，就是财富和成功，就是一个能成功赚取财富和幸福的成功的人。

向着心中的目标奋力前行

生命对某些人来说是美丽的，这些人的一生都为某个目标而奋斗。世界会向那些有目标和远见的人让路。

为了实现梦想，人们必须尽量把目标确定，同时向着那个目标不断地努力。但是，确定目标，并非是要你现实地对待任何事，也并非要你把它缩小，而是应该更大、更清楚地把目标设定出来。

约翰·高德小时候便是敢于梦想、敢于挑战的人。

15岁时，他将他一生想要做的事，列在一张单子上，共有127个他希望达成的目标，其中包括探险尼罗河，攀登珠穆朗玛峰，研究苏丹的原始部落，5分钟跑完1英里，把《圣经》从头到尾读一遍，在海中潜水，用钢琴弹《月光曲》，读完《大英百科全书》和环游世界一周……

如今他已过中年，是目前世界上还活着的最著名的探险家之一。他已完成127个目标中的105个，也完成了许多其他令人兴奋的事。

他还想访问全球141个国家，目前他只去过113个；全程探险中国的长江；到月球去访问等等充满挑战的冒险。

目标有着巨大的威力，它能循序渐进地推动梦想的实现。

哈佛大学曾做过一项跟踪调查，对象是一群智力、学历、环境等条件差不多的年轻人，调查目的是为了测定目标对人生有着怎样的影响。

调查结果发现：27%的人没有目标；60%的人目标模糊；10%的人有清晰但比较短期的目标；3%的人有清晰且长远的目标。

25年的跟踪研究结果表明，他们的生活状况及分布现象十分有意思。

那些占3%的人，25年来几乎都不曾更改自己的人生目标。25年来他们怀着自己的梦想，朝着同一方向不懈地努力，25年后，他们几乎都成了社会各界顶尖的成功人士，他们中不乏白手创业者、行业领袖、社会精英。

那些占10%有清晰短期目标者，大都生活在社会的中上层。他们的共同特点是，那些短期目标不断被达成，生活状态稳步上升，成为各行各业不可或缺的专业人士。

其中占60%的模糊目标者，几乎都生活在社会的中下层，他们能安稳地生活与工作，但没有什么特别的成绩。

剩下27%的是那些25年来都没有目标的人群，他们几乎都生活在社会的最底层。他们的生活都过得不如意，甚至失业，靠社会的救济，并常常抱怨他人、抱怨社会。

调查结果表明，目标对人生的影响深远，达到目标是实现梦想的重要步骤。

如果你希望10年以后变成怎样，现在就必须变成怎样，这是一种重要的想法。

那些终生无目的地漂泊、胸怀不满的人，他们并没有一个非常明确的目标，只有不切实际的梦想。没有目标，就难以产生前进的动力，梦想就变得越来越遥远。

情绪驿站
QINGXUYIZHAN

歌德说："生命里最重要的事情是要有个远大的目标，并借才能与坚毅来达成它。"我们说，世上最重要的事，不在于我们身在何处，而在于我们朝着什么方向走。虽然确定目标的方向并非易事，它甚至包含一些痛苦的自我考验。但无论花费什么样的努力，它都是值得的。成功者都不是空洞的梦想者，他们的梦想是由目标的珠子连接起来的，凭借着有目标的梦想使他们产生不满足，因不满足而激励他们加倍地奋斗，终于达成他们的大目标——梦想！

让积极的因素成为助推力

控制情绪，不是单纯地靠理性才能实现的。还需要人们利用一些自身积极的因素来作为与坏情绪做斗争的助推力。这些积极因素不仅能够帮助人们战胜坏情绪，而且能够帮助人们找寻到久违的幸福，帮助人们实现渴求的成功。

想象力：对幸福生活充满美好憧憬

　　一个人要想生活幸福，事业成功，就必须拥有对平凡生活的乐观心态。只有有了对幸福的美好憧憬，才能对自己有更美好的规划，也才能更有信心地去前进，去开拓。

　　每一个成功者在最初都会有一个对未来的想象，正是这些想象使他们勇往直前地朝自己的目标前进。

　　心情在一个人的生活中无比重要，然而，不是每个人都能怀着好心情度过每一天，人们常常会遇到不愉快的事情，从而背负着坏情绪。

　　加拿大有个著名的医生奥斯勒，他把生活比作具有防水隔舱的现代邮轮，船长可以把隔舱完全封闭。

　　奥斯勒还把这种情形向前引申了一步：

　　"我主张人们要学习控制，生活在一个独立的今天之中，确保航行的安全。

　　按一个钮，并且确认你确实已经用铁门把过去——逝去的昨天——关在身后；你再按一个钮，用铁门把未来——还没有来临的明天——给隔断掉。关闭掉过去！把死的过去埋葬掉。关闭掉那引导着傻瓜走向死亡的昨天，把未来也像过去一样关闭得紧紧的。

　　忧虑未来就是今天精力的浪费，精神的压力，神经的疲累，追随着为未来而忧虑者的步伐跌入深渊。把前面的和后面的大舱门都关得紧紧的，准备培养生活在'一个独立的今天'中的习惯。"

160

马里兰州汤生市的玛格丽特·柯妮女士，一天早上醒来，发现她刚刚装修好的地下室被水淹了，她惊慌得不知所措。

"我第一个反应，"她这样说，"是想坐下来大哭一场，为自己的损失号啕。但是我没有这样，我问自己，最坏的情形会怎样？答案很简单：家具可能全泡坏了，嵌板可能给泡得弯曲不平，还留下水渍，地毯也报销了，而保险公司可能不会赔偿这些。

"第二，我问自己，我能做什么来减轻灾情？我先叫孩子把所有可以拿得动的家具搬到没有水的车房里去。我向保险公司经纪人报告，并且用电话请地毯清洁工带吸尘器来。然后我和孩子向邻居借了几台除湿机，使地下室能加速干燥。等到我丈夫下班回家的时候，一切都已经整理就绪了。

"我考虑了可能发生的最坏情形，想出怎样做些补救，然后动手忙起来，做了我必须做的事。我根本没有时间忧虑。当做完这一切时，我的心里轻松多了。"

常常听到这句话："想想你自己的幸福。"是的，如果数数我们的幸福，大约有90％的事还不错，只有10％不太好。而如果我们要快乐，就要多想想90％的好，而不要去理会那10％的不好。

情绪驿站 QINGXUYIZHAN

其实，即使那所谓10％的不好，大部分还是由于自己想象的。如果能突破自己心灵的禁锢，又可以收获不少快乐。同样的生活，在不同的人眼里，有着截然不同的结果，你的想象起着关键性的作用，很多事情你想象它是好的它就是好的，你想象它是不好的它就真的满身瑕疵。乐观是一种积极的想象力，只要你时刻以乐观的想象去提醒自己是幸福的，你就会发现其实你真的过得还不错！

第四章　让积极的因素成为助推力

惜时：时时现活力没时间烦恼

很多老年人都会经历这样的情形，一个人一旦老了，就会表现出一些令人不快的行为：自怜、抱怨、软弱、变成"老小孩"、喜欢追忆往事。

老年人之所以会有这样的心态，是因为他们的时间太多了，大多数老年人是处于一种退休的无事可做的状态。他们有大把的时间挥霍给孤独和自怜。其实，现在很多年轻人也有着这些老年人的心态，他们的烦恼来自他们的时间太多了。

所以，年龄的困扰只是一种借口，除非我们患了老年性痴呆症，否则我们没有理由不让80岁的老人保持20岁、30岁或40岁时的优雅、风趣和有价值。我们先来了解一些世上的杰出人物，他们是渴望成熟而非变老的一些真实的例子。

伯特兰·罗素——这个身材瘦小、性情豪迈的英国哲学家，在90多岁时，他抱怨的事情居然是他已不能一点不累地一口气走超过5英里的路！他说："我发现，大多数退休的人都在退休后没多久就由于无聊而死掉。一个生来很活跃的人，即使他相信能够轻松地度过一生会很快乐，他也还是会发现没有可供他发挥专长的活动的生活是令人难以忍受的。我也承认那些善于享受人生的人更容易活下去，而一个生命力足够旺盛的老年人却未必能活得快乐，除非他保持活跃。"

再如维多瑞奥·艾曼纽尔·奥兰多，缔结凡尔赛和约的意大利首相。在94岁时，他也能每天工作10小时。他身兼意大利议会议员、一家成功的法律顾问公司的主持人以及罗马大学的教授。

伟大的外科医师拉斐尔·巴斯安里利博士在90岁时，每天都坚持执行一个连年轻人都会望而却步的工作计划。他每星期在他的私人医院给病人动三个手术，每天安排固定的上班时间从事研究工作，他自己开车甚至驾驶私人飞机。他的这个计划一直被他坚持到第二次世界大战。巴斯安里利博士为精神能战胜肉体成功地做了证明，从30岁开始，他就饱受风湿性关节炎、胃病和失眠症的折磨。

哲学家班尼狄特·柯罗斯在89岁时也能每天工作10小时，尽管他在几年前患过中风。

意大利的另一位前首相法兰西斯·尼蒂，也是个能每天工作10小时的人。尼蒂已经100岁了。

英国已故国王乔治的医生贺德伯爵，在80岁时甚至每天工作12小时，而且工作之后还能侍弄他的花园、写诗。

英国的艾丽丝·海伦·鲍尔博士，身为英国科学院临床心理学部门的第一位女负责人，竟然住在一间没有水、电和煤气的平房里。鲍尔博士到84岁时，还坚持每天工作，不得空闲，她每天睡一个小时午觉，然后工作到凌晨2点才休息。

著名的翻译家奥莉维亚·罗塞蒂，80岁时居然能每天工作16小时，只睡6小时！

在美国，不知疲倦的老者还有伟大的指挥家亚图罗·托斯卡尼尼，他在国家广播公司交响乐团担任指挥，直到1954年87岁时才放下指挥棒。

诗人卡尔·桑德堡80岁时还能不断有佳作问世。

还有摩西祖母，78岁才开始画画，成为一个受欢迎的画家，在她96岁时手里还拿着画笔。

芝加哥大学生理学荣誉教授和国家科学院医院研究中心负责人安

东·朱利斯·卡尔逊博士，已经80岁了，每天还用9或10小时来研究老化的问题。这还是他因为年事已高采取的照顾自己的行为，他原来每天的工作时间是15小时！

……

这些杰出的人在老年依然生活得精力充沛，乐观积极，那是因为他们把自己的价值投入工作当中，他们没有给无聊的烦恼留出时间。当然，我们可以说这些杰出人士的证据算不了什么，他们只是特例，或另类——因为他们是天才。但是那些没有天才或极其普通的人呢——那些只是不愿因为年华老去而变成废物的人呢？

例如，像洛杉矶的J.W.琼斯顿老人这样的人，他在100岁时还能每天干木匠活儿。琼斯顿老人认为：把重达100磅的盖屋顶用的材料搬上20英尺高的梯子不算什么。他说，他从没体验过生病是什么滋味儿。

又如，住在宾州特拉克斯维尔的里昂·华兹特太太，已经70岁了，体重只有96磅，因患神经炎和静脉瘤常年感到疼痛难忍，她曾做过13次手术。即使这样，她的儿子说，华兹特太太不仅每天保持心情舒畅，而且忙个不停。她坚持自己把一套有9个房间的平房收拾得井井有条、纤尘不染，侍弄大花园里四坛漂亮的灌木和花树，而且还亲自下厨房，烘制她那远近闻名的精美点心。

新罕布什尔的威廉·霍尔，100多岁了还能帮儿子一同经营农场。儿子照顾乳牛，父亲则负责做饭忙家务。

俄克拉荷马州普华尔有个W.A.格拉汉姆，他活到100岁。格拉汉姆先生非常有钱，是他所在社区的大恩人。他临终前身心都还保持着活跃，每天步行10英里来证明他坚信不疑的格言："一个站着的人顶两个坐着的人。"

家住缅因州马奇亚斯波特的尤妮丝·H.巴尔马太太是个103岁的老

人，她对如何享受晚年生活颇有心得："保持忙碌，让你腾不出时间考虑你的烦恼和病痛。"

这些人都活得比大多数人长，但却都没有表现出任何老朽、"老小孩时期"或大多数老年人常有的其他讨厌的特征与迹象。相反，他们亲历了马丁·甘伯特博士所谓的"人生第二高峰"——70岁以后再现的一种活力。

情绪驿站 QINGXUYIZHAN

社会学家大卫·雷斯曼说过这样一句话，对我们很有帮助，他说："像伯特兰·罗素或托斯卡尼尼这样的人，因精神上能保持基本的活力，而使得肉体一直处于活跃状态……弗洛伊德得了口腔癌而进食困难，却仍然能充满活力地面对生活，活得活跃而又独立。"这些老年人之所以能够保持旺盛的精力和幸福的生活，是因为他们能使自己一生之中的每一天都不虚度，我们虽然需要对生活进行思考，但是却不能将思考的时间留给烦恼。

既然有人能摆脱年龄的困扰，走向成熟而不只是空度岁月，那么我们也能。如果我们能驱除内心无用的恐惧，把心思放在培育心灵成长和精神成熟的态度上，即使身体日渐衰老，我们也能常葆心灵的年轻。让自己忙碌起来吧，生命如此短暂，我们哪里还有时间去烦恼呢？

第四章 让积极的因素成为助推力

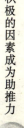

165

宽容：善待他人胸怀更开阔

当你怨恨一个人时，闭上眼睛，体会一下自己的感觉，感受一下身体的变化。你会发现，让别人自觉有罪，你也不会快乐。而宽容却会让你从微不足道的小事中感受到心旷神怡。所以，一定要让自己拥有一颗宽容的心。宽容，往往折射出一个人处世的经验，待人的艺术，良好的涵养。学会宽容，需要自己吸收多方面的"营养"，需要自己时常把视线集中在完善自身的精神结构和心理素质上。

在学校里，孩子们都认为艾丽斯是一个严厉的老师，他们拘谨，胆怯，甚至不愿与她交谈。

艾丽斯自己也不愿造成这样的局面，其实她都是一片好心啊！为了让他们好好学习，艾丽斯对他们的要求很严格，谁有了错误，她都是毫不留情地给予批评。但效果并没有像她希望的那样，艾丽斯感觉自己就像一个垂头丧气的失败者，对自己的工作渐渐地缺乏了信心，生活也显得很沉闷。

如果我能少一点批评，多一点宽容呢？有一天，艾丽斯突然这样想。

于是她决定做一个实验。上午，她换了一套活泼鲜艳的衣服，来到学校时也没有忘记把自己脸上的微笑显现出来。走在通往教室的小路上，艾丽斯还在盘算着这个实验。

突然，从后面飞过来一个皮球重重地打在了她的后背上，吓了她一跳，她回过头来，迈克惶恐地从地上捡起球，吓傻了一般，站在她面前。

如果在以前，艾丽斯会狠狠地训斥他的，但是想到自己今天要做的实验，便耸耸肩，做了一个轻松的动作，迈克道了声对不起便跑开了。

在课堂上，艾丽斯没有挑剔学生们的坐姿是否端正，回答问题是否正确，注意力是否集中。一反常态，她甚至没有批评未按时交作业的捣蛋鬼保罗，只是笑着让他一定补上，一整天她都在用乐观宽容的心态与大家相处。

放学时，一向羞涩的琼对她说："老师，您今天真漂亮啊！"

艾丽斯感到，她从来没有像今天这样愉快和有信心，学生们似乎也可爱极了，他们回答问题反应敏捷，注意力集中。

她想这个实验是成功的，让她知道了一个生活中的道理：学会宽容。

宽容可以减少人与人之间的隔阂，可以让人们更好地沟通，彼此多一些体贴和关怀。同时，宽容也可以解决许多棘手的问题，让生活中的许多难题迎刃而解。

宽容是一种博大，它能包容人世间的喜怒哀乐；宽容是一种境界，它能使人踏上光明磊落的坦途；宽容是人生难得的佳境——一种需要操练、需要修行才能达到的境界。法国19世纪的文学大师维克多·雨果曾说过这样的一句话："世界上最宽阔的是海洋，比海洋宽阔的是天空，比天空更宽阔的是人的胸怀。"

情绪驿站
QINGXUYIZHAN

畅销书作者约翰·格雷说："宽容给予我们再度去爱的机会，又帮助我们敞开心怀，既能给予爱，又能接受爱。"由此可见，宽容是一种人生哲学。适度的宽容，对于改善人际关系和身心健康都是有益的。只有宽容，才能愈合不愉快的创伤；只有宽容，才能消除人为的紧张。在短暂的生命历程中，学会宽容，意味着你的生活更加快乐。同时，一个能从别人的观念来看事情，能了解别人心灵活动的人，永远不必为自己的前途担心。

第四章 让积极的因素成为助推力

忍耐寂寞：享受独处的悠然自得

一个人没有朋友固然寂寞，但如果忙得没有机会面对自己，可能更加孤独。独处在很多时候是一件孤独的事，然而懂得独处艺术的人却能从独处中获得无穷的乐趣。因为人由于心灵所处状态的不同，会引起头脑和身体，也就是思考和行动上的巨大差异。作为一条"心灵舒畅"的原则，独处是我们给予心灵养分的关键条件所在。也就是说，通过这种行动使自己心绪安定，若能使自己心情舒畅，这就是心灵的养分，也是独处的艺术。

听优美的音乐，欣赏有品位的美术作品，和朋友交谈，接近自然，读好书，花时间静心思考，幻想梦想实现，赞扬他人，被他人赞扬，生活规律，充实自己的内心世界。高雅艺术，是使我们心灵充实的不可或缺的因素。优美的音乐、绘画等艺术作品，能使我们的心灵充实。

人们通常都是通过与他人交谈，来抚平心灵的创伤，哪怕只是有那么一位知心的朋友，都会使我们的心境大为不同。但是独处会带给我们一种完全不同的心理感受，让我们的心境更加贴近自然。大自然，可以说是我们的"父母"。我们本是自然的一部分，沉醉于自然怀抱中的那种真切感受，能够使我们的心灵不断成熟。

被称作是东洋哲学大家、历代首相人生楷模的安冈正笃，他把自己的人生观总结为"六中观念"。这一观念，并不仅仅指的是"读书"，它还包含确立人生信念和处世哲学的含义，他把自己心中有确定的法则支柱称之为"胸中有书",而把人内心的充实称之为"壶中有天"。因为《汉书》中有典故说,有一位做官的人被他人带入壶中看到了另外一番开阔的天地。不论是个人兴趣还是出于谋生考虑,希望大家都能时时提醒充实自己的内心世界。

一个人独处,就是指要留给自己时间,把自己从日常繁杂的事务中解脱出来。而且,在心里描绘梦想实现时的场面,这种行为也能给我们的心灵提供养分。

正如有所谓"心身"的说法,心灵状态在很大程度上影响着我们的身体状况。懂得独处的人,会把独处当成一种享受,不会独处的人,独处便是一种孤独。孤独的人容易让心灵处于煎熬的状态。学会独处,让心灵感受独处的畅快和自由,并让它在独处中得到充分的滋养是每个现代人应该学会的功课。

情绪驿站 QINGXUYIZHAN

独处的时光是完全属于你的时间,你有完全的支配权,它只属于你一个人,你爱怎么用就怎么用。一个人的独处可以有很多状态,可以是读一本书、作一幅画、听一段音乐、看一场电影;也可以整理你的衣橱、试遍所有的衣服,或者做一次房间兼空间的大扫除;更可以是蜷缩在床上看着天花板发呆、翻翻旧照片、回忆几年前的那个初恋男(女)友;又或者是看肥皂剧或玩游戏……独处的方式因人而异,但是也有好有坏,好的可以让你身心愉悦,坏的只能让你心情更加糟糕。聪明的人自然应该挑好的来做了,诚实地面对自己的内心,用独处的时光满足自己被忽略已久的存在。

一群人的世界是热情洋溢,两个人的世界是温暖浪漫,一个人的世界是悠然自得,当然也可以精彩无限。选择怎样的生活方式是你的事,但是别忘了前提是让自己快乐,即使独处也是一样。

自我认定：正确定位改善自我

自我认定的转换很可能是人生中最有趣、最神奇和最自在的经验，当你换了一种自我认定，撕掉贴在身上的旧标签，你很可能就此超越了过去。

一只小老虎被一只山羊收养，小老虎喝山羊的奶，跟小山羊玩，尽力去学做一只山羊。

然而，尽管这只老虎努力地去学，它仍不能变成一只山羊。

它的样子不像山羊，它的气味不像山羊，它无法发出山羊的声音。其他山羊开始怕它，因为它玩得太粗鲁，而且它的身体太大。这只老虎退缩了，它觉得被排斥，觉得自己差劲，不知道自己错在哪里。

一天，突然传来一声山动地摇的巨吼！山羊四散奔逃，只有小老虎端坐在岩石上不动。

突然，一个庞然大物靠近了它，它身体强悍，目如铜铃，它分明是一只巨兽。

"跟我来！"入侵者以一种不容抗辩的口吻说。

小老虎跟着巨兽走入丛林中。最后，它们来到一条大河边，巨兽低头喝水。

"过来喝水。"巨兽说。

小老虎也走到河边喝水，它在河中看到两只一样的动物。

"那是谁？"小老虎指着自己在水中的倒影问。

"那是你——真正的你！"

"不，我是一只山羊！"小老虎抗议道。

突然，巨兽拱起身子来，又发出一声巨吼，整座丛林为之动摇，等声音停止后，一切都静悄悄的。

"现在，你也吼一下！"巨兽说。

最初很困难，小老虎张大嘴，但发出的声音像呜咽。

"再来，你可以办到！"巨兽说。

最后，小老虎感到有东西辘辘作响，一直下到它的小腹，逐渐涌向他的全身。

"吼！"这时它再也忍不住了。

"现在！"那只小老虎眼中的巨兽说，"你是一只老虎，不是一只山羊！"

小老虎开始了解到，为何自己跟山羊玩时总感到不满意，它没有认识到自己原来是一只老虎。

从此以后，它再也不在羊群里混了，开始了它飞黄腾达的老虎生涯。

"你是老虎不是山羊"！这里面包含着深刻的哲理。人们常常会被人认定是个什么样的人，却无视于这样的认定是否正确，正是这种认定，对许多人产生着相当大的影响。

难以想象，这只老虎如果一直被认为是一只山羊，那么，它可能会在羊群中混一辈子，碌碌无为，甚至赶不上一只山羊。然而，最后它改变了对自己的认定，成就了自己。

我们之所以生活的不顺遂，不能在熟悉的领域如鱼得水，是因为我们对自己的定位产生了偏差。错误的自我定位会把老虎变成山羊，但是却不可能做一只好山羊。

我们的失败通常来自过去的失败。但是，我们应该学会从现在的失

第四章 让积极的因素成为助推力

败上站起来走向成功。一旦你从某事上站起来了，就意味着离成功已经不远了。善于掌握自己的优势，寻求那些你非常喜欢、非常擅长、竞争少的事情。

 情绪驿站
QINGXUYIZHAN

　　如果你想改变你的世界，改变你的生活，首先就应改变你自己。因为，只有将自己的位置摆放正确了，你的世界才可能是正确的。如果你的心理态度是积极的，你的生活也会是快乐的；如果你的心理态度是消极的，那么，生活也会是忧伤的。在生活中，你可能一直尝试做些改变，可是却一再失败，那一定是你所希望的改变跟你的自我认定不符所致。自我认定只是一种模式，这种模式是可以改变和扩展的。

　　改变和扩展自我认定，是一个艰难的过程。然而，如果你不满意当前的自我认定，并下定决心去改变它，那么，你的人生将迅速而奇妙地得到改善，你会发现一个崭新的自己。

热情：不让灵魂发皱

我们的语言中出现了一个新词："耗竭"。字典给耗竭的定义是：一个喷射机或火箭引擎的操作停止，通常是燃料用尽。

这个词流行已久，但它被心理学和工业领域采用时，就有了新的意义。

"耗竭"用在事业上，是指你的工作不再令你感到兴奋或有报偿。换言之，一些碰到燃料用尽的人，他们变得无反应和无动于衷。

如果你是个年轻的主管，你也许会对这毫不在意。然而心理学家发现，耗竭的种子种于成年的早期。

当年轻人为生活设定目标，全力去追求时，就已种下筋疲力尽的种子。心理学家发现，很多人在二十八九岁和三十岁出头就已感到筋疲力尽了。

美丽的模特儿发现她才过30岁，事业已结束了，中年主管在他期望升任公司总裁时竟被开除了。对这些人而言，耗竭是很严重的事。

人们为何会耗竭呢？有两个原因，一是他们未能达到目标，二是达到目标后，带给他们的却是失望。

人们未能达到目标的原因有很多种，其中有些因素是他们无法控制的，但有些则是可控的。

不管理由是什么，目标不能达到，就会使人感到情绪低落，筋疲力尽，一种意义和目的的失落感，一种热心和驱策力的丧失，一种无助和绝望的感觉。还有一些人达到目标后深感失望。

为什么会出现这种情况呢？有以下两种原因：

第一，目标定得太低。一个人立志成为百万富翁，结果他才30岁便实现了这个目标。由于目标无法满足预期的需要。例如，以事业作为解决个人问题工具的人，无论事业有多成功，他们还是无法满意。

第二，目标定得太窄。一个将其所有精力和时间都投注在事业上的人，当事业过去后，他会发现生活没有任何意义。

无论你是未达到目标，或是达到目标后感到失望，其结果是一致的——耗竭。

如何避免耗竭？如果你已经感到耗竭，你如何处理？通常人们面对耗竭有三种选择：

他们可从心理甚至生理上放弃。

他们可以反抗使他们到这一地步的机构或人。

他们可以寻求一个复苏的目的。

心理上放弃的人会变得被动，没反应，漠不关心，或是退缩到一个幻想的世界。

选择反击的人，将他们的挫折和问题怪罪于他人，或者是他们服务的机构。这只会增加他们的痛苦和愤怒，有时会损及对他们而言最重要的关系。

选择寻求一个复苏目的这种方式的人，常会发现他们的新目的比原先的目标更有意义。避免耗竭的最好办法，是及早学会重定方向的秘诀，重定方向意味着事业改变、居处改变或学习一种新的技巧。

俾斯麦去世时83岁，但他最伟大的工作是他70岁以后才完成的；提善一直作画到99岁他去世为止；歌德是在他83岁去世的前几年才完成《浮士德》的；格莱斯顿在70岁时还学习新的语言；天文学家拉布兰在

79岁去世时说："我们知道的是有限的，我们不知道的是无限的。"

　　由此可见，聪明的人，永远不会让自己的热情耗竭而停止成长，无论在精神和事业上，还是在人际关系上。

情绪驿站
QINGXUYIZHAN

　　你的皮肤发皱了，是因为岁月的无情侵蚀，但是如果你的灵魂发皱了，则是因为你的内心失去热情的浸润。为了不让自己的灵魂发皱，为了让自己成为人群中的一股不可或缺的力量，就一定要培养对人对事的热忱。人们会因你的热忱而更加喜欢你，学习会因你的热忱而更加有效率，工作会因你的热忱而更加有乐趣。

心理暗示：经常积极地肯定自己

我们对待生活往往有两种截然不同的态度，积极或消极，于是就有肯定自己和否定自己的现象发生。

如果你想自己有自信，那么从现在开始，你就要用肯定的方式对自己说，这会给你带来你想不到的好处。

美国心理学家霍特举过一个例子：

有一天，友人弗雷德感到意气消沉。他通常应付情绪低落的办法是避不见人，直到这种心情消散为止。但这天他要和上司举行重要会议，所以决定装出一副快乐的表情。他在会议上笑容可掬，谈笑风生，装成心情愉快而又和蔼可亲的样子。

令他惊奇的是，不久他发现自己果真不再抑郁不振了。

弗雷德并不知道，他无意中采用了心理学研究方面的一项重要新原理：装着有某种心情，往往能帮助他们真的获得这种感受——在困境中有自信心，在不如意时较为快乐。

心理学家艾克曼的最新实验表明，一个人总是想象自己进入某种情境，感受某种情绪，结果这种情绪十之八九真会到来。一个故意装作愤怒的实验者，由于"角色"的影响，他的心率和体温会上升。心理研究的这个新发现可以帮助我们有效地摆脱坏心情，其办法就是"心临美境"。

例如，一个人在烦恼的时候，可以多回忆愉快的时候，还可以用微笑来激励自己。当然，笑要真笑，要尽量多想快乐的事情。为什么"自卖自夸"的人会容易成功，这是因为他们用肯定的方式使自己变得自信，并感染了自己，使自己变得成功。

积极心态来源于在心理上进行积极的自我暗示。反之，消极心态是经常在心理上进行消极的自我暗示的结果。它是一种自动的暗示，沟通人的思想与潜意识。它是一种启示、提醒和指令，它会告诉你注意什么，追求什么，致力于什么和怎样行动，因而它能支配影响你的行为。

一个人可以通过积极的心理暗示，自动地把成功的种子和创造性的思想灌输到潜意识的大片沃土中。相反，也可以灌输消极的种子或破坏性的思想，而使潜意识这块肥沃的土地满目疮痍。

也就是说，不同的意识与心态会有不同的心理暗示，而心理暗示的不同也是形成不同的意识与心态的根源。之所以说心态决定命运，正是以心理暗示决定行为这个事实为依据的。

著名的英国心理学家哈德飞，记录了自己这样一个实验：

哈德飞请来了三个人，并告诉他们，不管在哪种情况下，都要尽全力抓紧握力计。

实验开始，在一般的清醒状态下，三个人平均的握力是101磅。

第二次实验则将他们催眠，并告诉他们，他们非常地虚弱。实验的结果，他们的握力只有29磅——还不到他们正常力量的三分之一。

然后哈德飞再让这些人做第三次实验：在催眠之后，告诉他们说他们非常强壮，结果他们的握力平均达到142磅。

当他们在思想里很肯定地认定自己有力量之后，他们的力量几乎增加了50%。这就是我们难以置信的心理暗示的力量。

情绪改变导致行为改变。多年来，心理学家都认为，除非人们能改变自己的情绪，否则通常不会改变行为。我们常常逗眼泪汪汪的孩子说"笑一笑呀"，结果孩子勉强地笑了笑之后，跟着就真的开心起来了。

　　积极的心理暗示要经常进行，长期坚持，这样积极的自我暗示能自动进入潜意识，影响意识。只有潜意识改变了，才会成为习惯。当积极的心理暗示成为习惯时，你就会发现自己的生活中其实真的没有那么多让自己烦闷发愁的事情。同时，我们的生活也会变得充满精彩和活力。

健康心态：栽上一棵"烦恼树"

一个水管工的运气很糟，先是因为车子的轮胎爆裂，然后是电钻坏了，最后，那辆老爷车也趴了窝，雇主只好开车送他回家。在门口，满脸晦气的水管工没有马上进去，而是沉默了一阵子，伸出双手去抚摸门旁一棵小树的枝杈。待到门打开时，水管工已经笑逐颜开了。

雇主按捺不住好奇心，问："刚才你在门口的动作，有什么用意吗？"水管工爽快地回答："这是我的'烦恼树'。我到外面工作，磕磕碰碰，总是有的。可是烦恼不能带进门。我就把它们挂在树上，明天出门再拿走。奇怪的是，第二天我到树前去，'烦恼'大半都不见了。"

如果你是一个年轻人，更应该有一棵"烦恼树"，它不一定在家门前。可以是无形的，栽在心田一角；可以是有形的——日记本上的自我宣泄、化解和安慰；可以是向亲爱者的倾诉和朋友的交流。对于半夜辗转的失眠者，"烦恼树"是枕边一双倾听的耳朵；对儿女，是亲昵的拥抱；对路上的陌生人，是礼让的手势、关切的眼神和温暖的微笑。

烦恼，谁没有呢？我们所缺的是"烦恼树"。如果没有就栽上一棵吧！

健康的心态是一种做人的态度。养成乐观的习惯，使你成功的机会大为提高，否则将使你掉入失败的深渊。

契诃夫的小说《小公务员之死》中，那个可怜的小公务员看戏时不幸与部长大人坐到了一起，把唾沫星子弄到了部长大衣上，他就变得神经质般地惶惶起来。无论他如何解释，部长大人好像都没有原谅他的意思，这个小公务员在巨大的精神压力下，竟然一命呜呼了。当然这是文学作品。但在生活中，也同样有人把不经意的小事装在心里寝食不安，影响自己的情绪。

生活中小小的失误就且由它去吧，重要的是学会轻松地生活，以一种乐观的态度对待事物。

每天利用几分钟的时间，想象明天、下一个星期或是明年，都可能发生许多愉快的事情，不要对未来烦恼或忧虑。多想想美好的事情，你会在不知不觉中计划实现它们。如此一来，你就养成了乐观的习惯。

 情绪驿站
QINGXUYIZHAN

健康乐观的心态本身就是一种成功。因为它表示你拥有健康、活得心安理得。一个极度富有的人，可能因为过于悲观而身患癌症，在肉体上他是失败的。

盲目地相信船到桥头自然直并不是乐观，而是无知。乐观是一种坚定的信念，使你具有前瞻性的远见，根据合理的判断，做出适当的决定，因此每一件事都能水到渠成。

每个人都可以成为真正乐观的人。面对未来，理智地分析及评估各项因素，然后决定你的行动，让一切如你所预期。未来都在你的掌握之中，你将一无所惧。健康的心态能帮你渡过人生中的各种难关，无论遇到什么难题，只要你的心态是健康乐观的，那么就没有任何事情可以打垮你！

朋友：增强弹性多交朋友

如果你仔细观察成功者，会发现他们有一个共同之处，那就是他们的人际关系都很广泛。

只有拥有了广泛的人际关系，才能建立起一个庞大的信息网，这样就比别人多了一些成功的机遇和桥梁。

美国前总统克林顿能够成功赢得竞选，也与他拥有广泛的人际关系分不开。在他竞选过程中，他拥有高知名度的朋友们扮演着举足轻重的角色。这些朋友包括他小时在热泉市的玩伴、年轻时在乔治城大学与耶鲁法学院的同学，及日后当罗德学者时的旧识等。他们为了克林顿能够成功，四处奔走，全力支持他。所以克林顿在任总统后，还不无感慨地说：朋友是他生活中最大的安慰。

根据《行销致富》一书作者史坦利的说法："成功是一本厚厚的名片簿。更重要的是成功者广交朋友的能力，这或许便是他们成功的主因。"

要想成功，就必须有一个好的人际圈子，要知道仅凭一个人的能力是很难完成自己的事业的。只有有人愿意帮你，不断地给你提供各种资源，你才能有更多的成功机会。

当然，你所交的也有可能是坏朋友，但如果因为怕交到坏朋友而不交朋友，那么连交到好朋友的机会都会失去。而这种过度防卫的心理，也会使你原有的朋友离你而去，到最后可能变成一个朋友都没有！

事实上，朋友的好或坏很难说，绝对好或绝对坏的人不多，总是有好有坏，全看你怎么和他们相处。但无论如何，多交朋友这件事绝对是好处大于坏处的。

那么，怎么多交朋友呢？

一般人交朋友是通过工作关系，以及朋友的介绍，这是比较正统的方法，但这样不太容易交到别的行业以及层级不同的朋友，而且交到的朋友较为有限。

因此，你要扩大交友的圈子就要主动出击，而不是靠别人上门来和你做朋友，其中最有效的办法便是参加社会团体。

社会团体中有各式各样的人物，彼此碰面的机会很多，层级也相当接近，因此虽然彼此行业不同，但却很容易交成朋友。你如果参加了这样的团体，经过一段时间之后，便可和他们成为朋友。

此外，参加义工团体或某种学习团体也可认识新的朋友。有了新的朋友，好好经营彼此的友谊，对你绝对是有好处的，说不定你的事业就从这里开始的呢！

大部分人交朋友都弹性不足，因为他们交朋友有太多原则。例如，看不顺眼的不交、话不投机的不交、有过不愉快的不交！但是在交往中，实在有必要更有弹性一点。所谓的弹性指：

第一，没有不能交的朋友。你看不顺眼，或话不投机的人并不一定就是小人，甚至他们还有可能是对你会有所帮助的君子，你若拒绝他们，未免太可惜了。你会说，话不投机又看不顺眼还要应付他们；做人这样太辛苦了。是很辛苦，但你就是要有这样的能力，并且不会让他们感觉你在应付他们。要做到这样，只有敞开心胸，别无他法。

第二，相逢一笑泯恩仇。某人得罪过你，或你曾得罪过某人，虽说不上彼此成仇，但心底确实不愉快。如果你觉得有必要，可主动去化解僵局，也许你们会因此而成为好朋友，也许只是关系不再那么僵而已，但至少你少了一个潜在的敌人。这一点相当难做到，因为就是拉不下脸来！其实只要你愿意做，你的风度会赢得对方对你的尊敬，因为你给他面子了。如果他还是高姿态，那是他的事！不过要化解僵局要看场合和时机，不要太刻意，酒席上、对方离职时、升官时最好，也就是说，一定要有借口！

第三，不是敌人就是朋友。有些人认为不是朋友就是敌人，这样做会使敌人一直增加，朋友一直减少，最后使自己孤立。应该改为不是敌人，就是朋友，这样朋友就会越来越多，敌人越来越少！

第四，没有永远的敌人，也没有永远的朋友。敌人会变成朋友，朋友也会变成敌人，这是社会上的现实。当朋友因某种缘故而成为你的敌人时，你不必太忧伤感叹，因为有一天他有可能再成为你的朋友！有这样的认知，就能以平常心来交朋友！

第五，放下身段。身段是交朋友的一大阻碍，也是树敌的一个原因，你千万不要以为你是博士，就不去理会一个工友，在交朋友这件事上，这种身段会使你交不到朋友！

能以这种弹性交朋友，怎么会交不到朋友，怎么会走不通路，做不了事呢？不过这里指的是广义的朋友，因为普通朋友和知己还是要有所分别的。真正的知己是那个一辈子都对你不离不弃，并尽全力去帮助你的人。所以，请好好对待你身边的亲人、好友，因为你生命中帮助你最大的人，往往就在你身边！

情绪驿站
QINGXUYIZHAN

伏尔泰说："人世间所有的荣华富贵不如一个好朋友。"这就告诉我们，朋友是一个人一生中最大的财富。的确，在确保终身幸福的所有努力中，很重要的一点是结识诸多的朋友，因为朋友不仅带给我们心灵上的充实与满足，而且还可能会在关键时刻伸出援手。这就是为什么人们常说"在家靠父母，出外靠朋友"。一个人，在这个复杂的社会上行走，倘若一个朋友都没有，那么他必然是孤独凄凉的，同时也是孤立无援的，因此谈不上幸福也更谈不上成功。所以说，朋友多并不一定能成大事，但朋友多却是成大事的条件之一。

工作：努力从工作中寻找乐趣

你热爱自己的工作吗？相信能给出肯定答案的年轻人少之又少。工作只为糊口，而非为了自己的兴趣爱好，这是很多年轻人的工作现状。尽管不是很喜欢，但是迫于生计，也要继续去做。长此以往，失望情绪必然产生。这样不仅自己不快乐，工作也不会出色。

尝试着改变吧！如果你不想跳槽，不想放弃，就重振旗鼓坚守这片土地，尝试着去热爱你的工作。一个人如果尽自己最大的努力、精益求精地完成自己的工作，这种觉悟所带来的内心的满足感是无与伦比的。

在这方面，爱迪生为我们树立了榜样，他每天工作18小时，发明成果不计其数，而这些并没有人强迫他去做。他挣到的钱也足够让他任意挥霍了，但他仍一心扑在实验室，他如此敬业就是基于他的人生哲学：工作，揭露自然的奥秘并把它用来供人类享用。

由此可见，一个人在工作中能否找到自己的位置，能否以最大的热情投入工作当中，是他的事业能否成功的关键。工作的热情会感染你周围的每一个人。

有三个人做了一个游戏，要在纸片上把他们曾经见过的印象最深的朋友的名字写下来，还要解释选择的理由。结果公布后，第一个人解释了他选择所写下名字的理由是："每次这个人走进房间，给人的感觉都是容光焕发，好像给生活增添了许多乐趣一样。他热忱活泼，乐观开朗，总是让人感到振奋。"

接下来第二个人也解释了他的理由："无论在什么场合，做什么事情，他都是竭尽所能、全力以赴。他的热忱感动着每一个人。"

第三个人说："他对一切事情都尽心尽力，所付出的热忱无人能比。"

回答问题的这三个人都是英国几家大刊物的通讯记者，他们见识广，几乎踏遍了世界的每一个角落，结交过各种各样的朋友。他们的回答却是出奇的相似。他们互相看了对方纸片上的名字之后，出人意料的是他们竟然写下了同一个人的名字，就是澳大利亚墨尔本一位著名律师的名字，而这位律师恰恰正是以热忱闻名于世。可见一个人的热忱对自己的工作和人际交往起到了至关重要的作用。

美国著名社会活动家贺拉斯·格里利曾经说过，只有那些对自己的工作有真正热忱的人，才有可能创造出人类最优秀的成果。萨尔维尼也曾经说："热忱是最有效的工作方式。如果你能够让人们相信，你所说的确实是你自己真实感觉到的，那么即使你有很多缺点别人也会原谅你。"

在政治领域中同样不乏热忱的事例。

吉宁斯·鲁道夫的热忱，使他一生在政坛平步青云。鲁道夫自西弗吉尼亚沙朗大学毕业之后，以压倒性的胜利击败了经验丰富的对手，当选为国会议员，而且由于他本人的能力很强，罗斯福总统也特别看重他。

在我们的人际交往当中同样也离不开热忱的交际态度，尤其是在双方握手时，要让对方切实感觉到你真的很高兴和他见面，能够从握手中让对方感觉到你的热忱。

然而热忱并不是天生的，而是靠后天培养出来的。每一个人都可以拥有它。你和别人的每一次接触都是在尝试将自己介绍给对方。在工作中找准自己的位置是低调做人的完美表现，也是精明处世的基本保证。当你对工作付出热忱时，就是你进步的表现，因为你已经在你的周围创造出成功的意识，而此成功意识无可避免地会对他人产生积极的影响。你在这个世界上付出的热忱越多，就越能得到你想得到的东西。

不热爱自己工作的人很难在自己的工作中作出成绩。反之，如果你热爱自己的工作，在工作中尽心尽力，用最大的热情投入工作，你就能在工作中取得突出的业绩。当然，你也会很有成就感，因为你付出了，你得到了回报。

情绪驿站
QINGXUYIZHAN

即使你并不热爱自己的工作，但是，只要你还在做着这份工作，你就要尽自己最大的努力去完成。否则，你就是在浪费自己的时间，浪费自己的生命。爱不是一天生成的，对工作的热情也要慢慢培养。如果你努力投入工作，想在工作中获得乐趣，那你的工作效率就会提高，你也会慢慢爱上自己的工作，你的人生也会为此而改变，因为你正在做自己热爱的工作。很多时候，不是工作没有乐趣，而是你不去主动寻找乐趣。如果你尝试着去热爱你的工作，努力从工作中寻找乐趣，努力以最大的热忱投入工作，而不是去怨天尤人，那么，工作将会回报你更多！

第四章 让积极的因素成为助推力

接受批评：谦虚换来知识和智慧

被批评意味着自己是错的或者有缺陷的，没有人喜欢被批评。可是，我们不得不承认自己不可能没有犯过错误，自己身上不可能没有一丝缺点。有时候只是为了顾全自己的面子或者讳疾忌医。如果我们足够有勇气承认自己的错误和缺点，那么批评对我们而言就是一剂良药，心态也会变得坦然，从善如流也并不是一件遥不可及的事情。

一个人寄了许多履历表到一些贸易公司应聘。其中有一家公司写了一封信给他："虽然你自认文采很好，但是从你的来信中，我们发现你的文章写得很差，而且文法上也有许多的错误。"他非常生气，但转念又一想："对方可能说得对，或许自己在文法及用词上犯了错误，却一直不知道。"

于是他写了一张感谢卡给这家公司。几天后，他再次收到这家公司的信函，通知他被录用了。

人们都喜欢谦虚的人，而不愿意与自以为是的人为伍。我们在生活中经常可以遇到一些好为人师的人，他们总喜欢指出别人这做得不合适了，那做得过分了，似乎他什么都在行，对什么都可以说出个道理来。这种自负，恰好是自卑心理的曲折表现。他们之所以摆出一副"万事通"的面孔来，就是唯恐被人轻视，他们炫耀的目的就是要提高自己的地位。可是这样做的结果只能使他们捉襟见肘，遭人厌恶。道理很简单，你认为别人没有办好事情的能力，别人也不会把你的能力放在眼里。

只有谦虚才能学到更多的知识，人外有人，天外有天，我们懂得的一切都没有什么了不起的，更不要说好为人师了。

一个人有才能是件值得佩服的事，如果再能用谦虚的美德来装饰，那就更值得敬佩了。

任何人潜意识里都是争强好胜的，自负是人的本性之一。你的自我表现和炫耀往往会刺伤别人，谦虚正是使你在人际交往中受欢迎的有效方法。

不论你的目标是什么，如果你想要追求成功，谦虚都会是你必要的特质。在你到达成功的顶峰之后，你会发现谦虚更重要——只有谦虚的人才能得到智慧。

富兰克林在一本书中讲述了他怎样克服了喜欢争辩的缺点，成为美国历史上最实干、最友善、最圆滑的外交家的经历。

当富兰克林还是个冒失的年轻人时，一天，教友会的一个老朋友把他叫到一边，严厉地训斥了他一顿："本，你太不像话了。你已经伤害了每一位和你有不同意见的人。你太突出自己的意见了，你的态度让人无法接受。你的朋友都觉得，如果你不在场，他们会自在得多。你表现得太过分了，没有人能再教你什么，没有人打算对你说些什么，因为那样不但白费力气，而且还会惹得不高兴。这样下去，你不会再学到新的东西。"

富兰克林接受了那次惨痛的教训，也同时接受了朋友的批评。他开始明智、成熟起来，他意识到他的人际关系正面临着失败。于是他马上改掉了粗野、傲慢的习惯。

富兰克林说："我定下了一条原则：不要面对面地直接反对别人的意见，也不要太武断。我甚至不让自己在文字或语言上措辞太肯定。我不再用'当然'、'毫无疑问'等词汇，而改用'我想'、'我假设'

第四章　让积极的因素成为助推力

189

或'我想象'等词汇。当别人在说一件我不认同的事时，我不会立即反对他。我会说在某种情况下，他的意见是对的，但现在我有稍微不同的意见，大家商量一下。

"很快，我的态度的改变收到了效果，谈话的气氛变得融洽起来。我谦虚的态度容易被大家接受了，争执也减少了。在这种情况下，我不会再因为偶尔出错而难堪；当我对的时候，就会更顺利地得到大家的赞同。

"刚开始采用这些方式的时候，我总觉得这不符合自己的性格，可渐渐地就成为我的习惯了。50年来，没有人听我讲过什么太武断的话。在我提出新的或修改旧的法案条文时，这个习惯让我得到尊重。这个习惯也使我在大陆议会里更具影响力，尽管我的措辞、辩论并不迅捷有力，有时还会出错，但我的意见还是得到了广泛的支持。"

情绪驿站
QINGXUYIZHAN

任何一个人，都会有做错事情的时候，做错了，就不要怕别人批评你。你要做的是坦然地接受来自他人的批评，哪怕对方的批评有明显的挑刺儿或者挑衅的意味，也请心平气和地接受。因为接受别人的批评，总是会给你自己带来好处的。一方面它可以帮你化解危机，另一方面它还可以成为你以退为进的策略，通常都会收到令人满意的效果。当然，只有真诚地去听取别人的意见，才不会在做足表面功夫时产生逆反心理。我们一定要懂得接受批评的最终受益人是我们自己，只有心态放得平和了，才能真正从批评中汲取养分。

视角：不同的角度产生不同的认识

视角不同，我们看到的世界就不同。

孩子回到家里，向父母讲述幼儿园里发生的故事："爸爸，您知道吗，苹果里有一颗星星！"

"是吗？"父亲轻描淡写地回答道，他想这不过是孩子的想象力，或者老师又讲了什么童话故事了。

"你是不是不相信？"孩子打开抽屉，拿出一把小刀，又从冰箱里取出一个苹果，说道，"爸爸，我要让您看看。"

"我知道苹果里面是什么。"父亲说。

"来，还是让我切给您看看吧。"孩子边说边切苹果。

切错了！我们都知道，"正确"的切法应该是从茎部切到底部窝凹处。而孩子却是把苹果横放着，拦腰切下去。然后，他把切好的苹果伸到父亲面前："爸爸您看，里头有颗星星吧。"

果然，从横切面看，苹果核果然显示出一个清晰的五角星状。许多人一生不知吃过多少苹果，总是规规矩矩地按"正确"的切法把它们一切两半，却从未想到苹果里居然还藏着一颗星星。

孩子不是第一个从苹果里切出星星的人，不论是谁，第一次切错苹果，大凡都是出于好奇，或由于疏忽所致。而这深藏其中、不为人知的图案竟具有如此巨大的魅力，它先是不知从什么地方传给孩子，接着便传给父母，又传给更多的人。

第四章 让积极的因素成为助推力

191

"如果有个柠檬，就做一杯柠檬水。"这是一个聪明人的做法。而傻子的做法正好相反，要是他发现生命给他的只是一个柠檬，他就会自暴自弃地说："我垮了。这就是命运，我连一点机会都没有了。"然后他就开始诅咒这个世界，让自己沉浸在自怜自悯中。可是当聪明人拿到一个柠檬的时候，他就会说："从这件不幸的事情中，我可以学到什么呢？我怎样才能改善我的情况，怎样才能把这个柠檬做成一杯柠檬水呢？"

来自哈佛大学的一个研究发现，一个人若得到一份工作，85％取决于他的态度，而只有15％取决于他的智力和所知道的事实与数字。

有一个巨人总是欺负村里的孩子。一天，一个17岁的牧羊男孩来看望他的兄弟姐妹。他问他们："为什么你们不联合起来和巨人作战呢？"他的兄弟们吓坏了，回答说："难道你没看见他那么大，是很难被打倒的吗？"

但这个男孩却说："不，他不是太大打不了，而是太大逃不了。"后来，这个男孩根据巨人的特点，用一个投石器捉住了巨人。

这个故事中的小男孩没有像其他人一样，总是一味地肯定巨人的长处，他找出巨人致命的薄弱环节。小男孩不只看到了自己的矮小，力量微弱，更看到了自己的聪明和灵活。其实，很多时候并不是老天不公平，不让我们在生活中有所作为，而是我们在许多时候只看到了别人的优点和自己的缺点，这种常常出现的双重打击，我们怎么能够承受，又怎么能够成功呢？

既然态度如此重要，那么，为什么不让自己再积极一点呢？保持积极的态度，认真地投入，敬业地去做事情，不仅可以超越自我，发挥自己的潜能，而且还可以帮助我们跨越成功的障碍。在没有别的绝对优势时，比别人多投入一些，更积极一些，再耐心一些，你就可以创造出比别人更多的优势。

同样一件事情，因角度不同、态度不同，就会产生不同的认知。凡事多往好处想，则可以少生烦恼和苦闷，而多有喜乐和平和。

为什么有些人就是没办法把事情往好的方面想呢？其实，只要你把想法稍微转换一下，人生就会一片海阔天空。有些人是因为有心理障碍，譬如说，年纪轻轻就秃了头，所以不喜欢到人多的地方去。结果他们就会变得毫无干劲，凡事都习惯往坏的方面想。

想要改善这种情况，首先你必须让自己知道，别人并没有像你所想象的一样在意。对于你的秃顶，也许刚开始他们会觉得有些惊讶，可是不久之后他们就不会再特别注意了。如果你清楚地了解到这一点，那么想要改变自己就不是什么难事了。

很多事情，你站在不同的角度，便会有不同的看法。与其愁苦自怨，倒不如换个角度，转变一下心情。

情绪驿站 QINGXUYIZHAN

正面的思想带来积极的效果，负面的思想带来消极的效果，你会选择哪一种呢？在生活中，是你的内心世界在起作用，而使你上进的内部动力就是你的优势所在。

每个年轻人就是一条奔腾不息的河流，一路上你需要跨越生命中的重重障碍，才能有所突破，有所进步。在这个过程中，有一点很重要，就是像河流那样善于放弃你所认为的自我，并且根据自己的目标作相应的改变。

每个人身上都存在着未被开发过的领域，你认为的"骨子里就是这样的"，其实是对自己缺乏正确的认识，就像河流觉得自己只能是流动中的液体，而不能是飘浮在空中的水汽一样。你可以善于言谈，你可以随遇而安，你可以懂得更多……只要你换一个角度看问题，不断地延伸自己、开拓未知的领域，肯定会发现一个不一样的自己。突破自我，这也是迈向成功事业必需的勇气和智慧。

第四章　让积极的因素成为助推力

苦难：只需精神的自由尚存

海伦·凯勒说："虽然世界多苦难，但是苦难总是能战胜的。"所以，如果你也正在遭受苦难，或者也许以后会遭受苦难，请不要畏惧它，也别逃避它，直面它，改变它，因为苦难一经过去，接踵而来的便是甘美。

一个年轻的小号手被征召上战场。在战场上，他日夜思念着美丽的未婚妻。战争结束后，他回到家里，却发现未婚妻已经跟别人结婚了，因为有人误传他早已战死沙场，小号手痛苦至极，离开家乡四处漂泊。

孤独的旅途中，陪伴他的只有那把小号。他便吹响了小号，号声忧伤而凄婉。有一天，小号手来到一个国家，国王听到他的号声，便召他入宫询问说："你的号声为什么这样忧伤？"小号手便把自己的故事讲给国王听……

你一定会认为这又是一个老掉牙的故事，结尾一下子就可以猜到：

国王很喜欢小号手，看他才智非凡，便将公主嫁给了他。从此，小号手和公主便过上了幸福的生活……

这里要告诉你：结尾不是这样的，这个结尾或许你根本就想不到，那就是：

国王下了一道命令，请全国的人都来听小号手吹号，让所有人都来品味号声中的忧伤。日复一日，小号手不断地吹奏、不断地讲述，人们不断地倾听。只要那号声一响，人们便聚拢来默默地听着。就这样，不知从什么时候起，小号手的号声已经变得不那么忧伤哀痛，而开始变得欢快、嘹亮，变得生机勃勃了。

两个结尾迥然不同，在前一个结尾中，国王富于同情心，他将女儿嫁给了不幸的小号手，但这只是暂时的"输血"；在后一个结尾中，国王除了同情心之外，更富于智慧——他通过这种特殊的方式告诉小号手："困境来了，大家跟你在一起，但谁也不能让困境消失，每个人必须自己鼓起勇气，镇静地面对它。"

小号手拥有摆脱忧伤、走向欢乐的命运，其实我们都应为自己设计这样的命运。已经发生的一切是无法挽回的，如今，你需要做的事情是毫不抱怨地接受、承担和分享。是的，人间没有绝对"悲惨"的命运——无论怎样深沉的忧伤，都有人跟我们一起分享；无论怎样的风雨，也总会雨过天晴。面对人生的种种际遇，我们也许无力改变，但是我们却可以告诉自己风雨总会过去，只要我们学会接受、承担和分享。

情绪驿站
QINGXUYIZHAN

每个人都会遇到忧伤、挫折和苦难。忧伤、挫折和苦难，一方面像海浪一样打击人类的心灵，另一方面又像雕塑家一样塑造着人类的精神世界。

《圣经》说："何必为衣裳忧虑呢？你想，野地里的百合花是怎么长大的。它不劳苦，也不纺线，然而我告诉你，就是所罗门最荣华的时候，他穿戴的也不如这一朵花呢。"我们每个人，都该向那野地里的百合花学习。

一个人的一切都可以被剥夺，唯有一样东西无法被剥夺，那就是一种自由——在任何条件下都存在精神的自由。心灵的力量是无穷的，它可以把一朵花变成一座花园，也可以把一滴水变成一股清泉。

第四章　让积极的因素成为助推力

195

乐观：多和乐观的人在一起

乐观指面对挑战或挫折时不会满腹焦虑、不绝望抑郁，不会意志消沉。我们的命运完全取决于我们的心态！心理学研究证实：如果我们想的都是快乐的念头，我们就能快乐；如果我们想的都是悲伤的事情，我们就会悲伤；如果我们想到一些可怕的情况，我们就会害怕；如果我们沉浸在自怜里，大家都会有意躲开我们。如果我们想的尽是成功，那结果又会怎么样呢？答案是我们会成功。

高度乐观的人具有共同特质：能自我激励，能寻求各种方法实现目标，遭遇困境时能自我安慰，知道变通，能将艰巨的任务分解成容易解决的部分。

麦特·毕昂迪是美国知名游泳选手，1988年代表美国参加奥运会，被认为极有希望继1972年马克·史必兹之后再夺七项金牌。但毕昂迪在第一项200米自由泳竟落居第三，第二项100米蝶泳原本领先，到最后一米硬是被第二名超了过去。

许多人都以为，两度失金将影响毕昂迪后续的表现，没想到他在后五项竟连连夺冠。对此，宾州大学心理学教授马丁·沙里曼并不感到意外，因为他在同一年的早些时候，曾为毕昂迪做过乐观影响的实验。

实验方式是在一次游泳表演后，毕昂迪表现得很不错，但教练故意告诉他得分很差，让毕昂迪稍作休息再试一次，结果更加出色。参与同一实验的其他队友却因此影响成绩。

乐观者面临挫折仍坚信事情势必会好转。从情商的角度来看，乐观能使陷入困境中的人不会感到冷漠、无力和沮丧。乐观和自信一样，使人生的旅途更顺畅。

乐观的人认为失败是可改变的，结果反而能转败为胜。悲观的人则把失败归之于个性上无力改变的恒久特质，个人对此无能为力。不同的解释对人生的抉择造成深远的影响。

研究表明，在焦虑、生气、抑郁、沮丧的情况下，任何人都无法有效地接受信息，或妥善地处理信息。情绪沮丧的悲观者会严重影响智力的发挥，因为沮丧悲观的情绪压制大脑的思维能力，从而使人的思维瘫痪。

心理学家曾做过"半杯水实验"，较准确地预测出乐观者和悲观者的情绪特点。

悲观者面对半杯水说："我就剩下半杯水了。"乐观者则说："我还有半杯水呢！"

因此，对乐观者来说，外在世界总是充满着光明和希望。

乐观使人经常处于轻松、自信的心境，情绪稳定，精神饱满，对外界没有过分的苛求，对自己有恰当客观的评价。

乐观的人在受到挫折、失败时，常会看到光明的一面，也能发现新的意义和价值，而不是轻易地自责或怨天尤人。而悲观者一般是敏感、脆弱，内心情感体验细致丰富，一遇挫折就会比一般人感受得深，体验得多。

乐观的人在求职失败后，多半会积极地拟订下一步计划或寻求协助，他们认为挫折是可以补救的。反之，悲观的人认为已无力回天，也就不思解决之道，将挫折归咎于本身恒久的缺陷。

乐观与悲观部分是与生俱来的，但天性也是可以改变的。乐观与希望都可学习而得，正如绝望与无力也能慢慢养成。

情绪驿站
QINGXUYIZHAN

　　要想摆脱忧愁，使自己乐观起来，我们要尽可能和快乐的人在一起，你是否有过这样的经历？在一个地方，或是和一些人相处，你会感到焦虑不安、脖子酸痛、疲惫不堪。你不知道到底是哪里不对劲，但就是觉得不舒服。但是和另一些人相处时，你就会觉得精神百倍，身体上的不适感也慢慢消失。在这些人的陪伴下，你觉得事事如意，这些人所散发的正面能量，让你感到更快乐、更安详、更有信心。乐观的人是不会被打垮的，如果你也想变成这样一个人，现在就赶快行动起来吧。

眼睛：渴望发现生活中的美

三个商人死后去见上帝，讨论他们在尘世中的功绩。

第一个商人说："尽管我经营的生意几乎破产，但我和我的家人并不在意，我们生活得非常幸福快乐。"上帝听了，给他打了50分。

第二个商人说："我很少有时间和家人待在一起，我只关心我的生意。你看，我死之前，是一个亿万富翁！"上帝听罢默不作声，也给他打了50分。

这时，第三个商人开口了："我在尘世时，虽然每天忙着赚钱，但我同时也尽力照顾好我的家人，朋友们很喜欢和我在一起，我们经常在钓鱼或打高尔夫球时，就谈成了一笔生意。活着的时候，人生多么有意思啊！"

上帝听他讲完，立刻给他打了100分。

罗丹曾说过："生活中不是缺少美，而是缺少发现。"

不会欣赏和享受每日的生活是我们最大的悲哀。现代人总是为了赚钱而无意中预支了"此刻的生活"。

想一想吧，早上还没起床时，你就开始担心起床后的寒冷而错失了被子里最后几分钟的温暖；吃早餐的时候你又在想着上班的路上可能会堵车；上班的时候就开始设计下班后怎么打发时间；参加派对又在烦恼着回家路上得花多少时间了；口袋里还有用不完的钞票，却时刻想着如何去赚更多更多的钱……累死在钱字上，不就失去了来到这个世界的真正意义了吗！

的确如此，我们正在将宝贵的生命耗费在没有什么价值的事情上，而忽略了生活之美。我们缺少了发现，所以失去了生活。川端康成在《发现花未眠》中写道：

我常常不可思议地思考一些微不足道的问题。昨天来到热海的旅馆，旅馆的人拿来了与壁龛里的花不同的海棠花。我太劳顿，早早就入睡了。凌晨四点醒来，发现海棠花未眠。

发现花未眠，我大吃一惊。葫芦花、夜来香、牵牛花和合欢花，这些花差不多都是昼夜绽放的。花在夜间是不眠的，这是众所周知的事，可我仿佛才明白过来。凌晨四点凝视海棠花，更觉得它美极了；它盛放着，含有一种哀伤的美。

花未眠这众所周知的事，忽然成了我发现花的机缘。自然的美是无限的，人感受到的美却是有限的。正因为人感受美的能力是有限的，所以说人感受到的美是有限的，至少人的一生中感受到的美是有限的，是很有限的。这是我的实际感受，也是我的感叹。人感受美的能力，既不是与时代同步前进，也不是随年龄而增长。凌晨四点的海棠花，应该说也是难能可贵的。如果说，一朵花很美，那么我有时就会不由自主地自语道："要活下去！"

画家雷诺阿说："只要有点进步，那就是进一步接近死亡，这是多么凄惨啊。"他又说："我相信我还在进步。"这是他临终的话。米开朗基罗临终的话也是："事物好不容易如愿表现出来的时候，也就是死亡。"米开朗基罗享年89岁，我喜欢他用石膏套制的脸型。

毋宁说，感受美的能力发展到一定程度是比较容易的，但光凭头脑想象是困难的。美是邂逅所得，是亲近所得，这是需要反复陶冶的。比如，唯一一件古代美术成了美的启迪，成了美的开始，这种情况确实很多。所以说，一朵花也是好的。

凝视着壁龛里摆着的一朵插花，我心里想道：与这同样的花自然开放的时候，我会这样仔细凝视它吗？只摘了一朵花插入花瓶，摆在壁龛里，我才凝神注视它。不仅限于花，就说文学吧，今天的小说家如同今天的歌人一样，一般都不怎么认真观察自然，大概认真观察的机会很少吧。壁龛里插上一朵花，再挂上一幅花的画。画的美，不亚于真花的当然不多。在这种情况下，要是画作拙劣，那么真花就更加显得美。就算画中花很美，可真花的美仍然是很显眼的。然而，我们往往仔细观赏画中花，却不怎么留心欣赏真的花。

😊 情绪驿站
QINGXUYIZHAN

生命是一条美丽而曲折的幽径，路旁有妍花、丽蝶、累累的美果，但我们很少去停留观赏，或咀嚼它，只一心一意地渴望赶到我们幻想中更加美丽的豁然开朗的大道。然而在前进的程途中，却逐渐树影凄凉，花蝶匿迹，果实无存，最后终于发觉到达一个荒漠。

生活中美好的事物太多了，也因此被我们所忽略。因为缺少发现美的眼睛，我们的心灵也变得麻木了，没有了享受生活的热情，我们的生存质量也大大打了折扣。生命在涌动，地球在旋转，江河在奔流——这就是生命，这就是最美好的时刻。生活的美需要我们去发现、去感悟、去领略，每个人都有享受这种美的权利，为什么要放弃呢？

坚强：在痛苦的王国中人人平等

生活就是要教会我们，在痛苦这个民主王国，所有人都是平等的。

住在康涅狄格州诺威尔奇的梅尔·西蒙，讲过一个人不因不幸而自甘堕落的故事。

西蒙先生有个大学同学名叫杰克，是个热衷于业余戏剧表演，整天朝气蓬勃的青年。

西蒙先生说："杰克这人热心肠且精力充沛。他身体里流着演员的血，在大学里，他担任所有戏剧演出的幕后工作，还能出场表演，他是年度各项表演的导演之一，在乐团中他还能胜任鼓手。毕业后，杰克来到一家电视制作公司，后来为某电视台当制作人，他还有许多其他的事业。他工作努力，积极投入，生活得很充实。

"有一天，朋友在电话中说杰克死了。他死于一种罕见的绝症，而他早就知道自己有病。上大学时，他已得知自己活不了几年。我想到杰克的热情、欢笑、幽默和精神，他带给我不小的启示——'坚持到最后，永不放弃！'"

杰克珍惜生命、善待生命的生活态度，能够鼓励所有认识他、了解他的人。他勇敢地选择了最成熟的方式面对难以避免的事。

还有一个与上面类似的故事。

1948年，21岁的麦克去参加以阿战争。在一次战斗中，他双目受伤。痛苦瞬间降临，但他仍能乐观地活着。在军医院里，他跟其他病人说笑，常把他应得的香烟和糖果配额分送病友。

为治好麦克的眼睛，医生尽了全力。一天早上，主治医生来到麦克的病房。"你好，麦克，"主治医生说，"我不喜欢对病人隐瞒实情，欺骗他们。麦克，你将永远失明了。"

麦克沉默了，时间也仿佛不动了。过了一会儿，麦克平静地说："很好，医生，我想我早有准备。谢谢您为我做了这么多。"

几分钟以后，麦克转头对他的朋友说："毕竟，我还找不出绝望的理由。我没有了视觉，却能听和说、有脚能走路、还有一双手，政府会帮助我学会一门技艺让我安身立命。我要改变自己，迎接新的生活。"

麦克就是这样一个人，虽然失明了，但对未来充满憧憬，宁愿为幸福奔忙，而不去诅咒不幸的残酷。如果进行成熟测试，他将获得满分。我们每个人迟早都要接受这种不幸突然降临的考验。

一位妇人，她几乎经历了一个普通女人所能经历的所有不幸：幼年时候父母先后病逝，好不容易找到了工作，又因不同意做厂里某领导人的儿媳而被挤出厂门。嫁了个丈夫，婆婆却对她十分苛刻，婆婆过世后丈夫又因外遇弃她而去。现在，她领着女儿独自度日，似乎过得十分平静。

一个阳光很好的日子，她的朋友去她家闲坐，女儿在一边玩耍。她们边聊天边和小姑娘逗笑，不经意间触动了往事。朋友赞叹她遭遇这么多挫折却活得如此坚强平和，她笑笑，给朋友讲了一个故事。

两个老裁缝去非洲打猎，路上碰到一头狮子，其中一个裁缝被狮子咬伤了，没被咬伤的那位问他："疼吗？"受伤的裁缝说："当我笑的时候才感到疼。"

"我也是这样的。"妇人对朋友笑道，"我被狮子咬了许多口，但我的一贯原则是：忍着痛，笑也好，哭也好，只要有感觉就有生命，只要有生命就有灵魂，只要有灵魂就有生存的意义、希望和幸福。"

朋友惊讶地望着她沧桑无数的脸，仿佛那是一方视线极阔的天窗。

人间的悲剧，可以说五花八门，各式各样。没有一桩不使人落泪，只有坚强的人才能一笑置之。其实悲剧也会在坚强的人的一笑面前成为过去。一个人能够平平安安度过一生是莫大的福气，可是这种福气不是每个人都能拥有的。我们不能阻止灾难的发生，但是面对灾难我们却可以选择坚强，拥有一颗坚强的心才是每个人真正的福气。

 情绪驿站
QINGXUYIZHAN

任何人问："为什么这种事要发生在我的身上？"都只能得到一种回答："为何不能？"

上天不偏爱任何人。只要是人，都难免历经痛苦和欢乐。悲伤、死亡、烦恼和不幸来临时，国王和乞丐、诗人和农民，经历的是同等的折磨。一些年轻人和虽不年轻但不成熟的人往往只会怨恨愤懑，他们无法理解悲剧的产生与出生、死亡及缴税一样，是生活中不可或缺的一部分。

外力：请求别人帮一个忙

一个人的力量是很难应付生活中无边的苦难的。所以，自己需要别人帮助，自己也要帮助别人。

一个人独自修理家里的院落，需要用许多大的石块砌起一堵墙。

一开始工作进展得很顺利，石头一块块堆砌好了，最后只要将一块大石头垒上墙头就算大功告成了。然而，这块石头显然是太大了，搬起来十分费力。但他还是下定决心，想将它搬上去。他用手推、肩扛、膝盖顶，想尽了办法，但还是一次次失败了。

他依然不服输，依然使出全身的力气去搬石块，糟糕的事情发生了，石头滚落下来，重重地砸在脚上，血流满地。

看到这个情景，一位邻居走过来，笑着说："你还没有用尽自己所能！"

"我没有用尽全力？"他疑惑不解，自己费了九牛二虎之力，怎么能说没有竭尽全力呢？

邻居说："是的，你没有用尽你所有的力量，你只是一味地考虑自己个人的力量。其实你只要积极地去思考，就会发现还有许多可以解决问题的方法。比如寻求别人的帮助，同样是你能够做得到的……"

在邻居的招呼下，另外几位邻居走过来，他们一起抬起那个石块，轻轻松松地将它放在合适的位置上。

我们也许不必去探寻故事的真实性。但在我们的生活中，类似的事情不是每天都在发生着吗？甚至包括你自己！

每个人的思维中都可能会有这样或那样的误区和盲点，这些误区和盲点往往是你成功发展的最大障碍。我们常常以为凭借自己的努力可以获得成功，但是最后却发现自己错了。我们其实是需要别人帮助的，尤其是在无助的心理状态下。

医药学院神经病学系的茨沃斯坦博士，邀请一群互不相识的女中学生进入他的实验室。

实验室里有很多令学生们感到不安的电子仪器设备。茨沃斯坦博士戴着眼镜，表情很严肃。他的口袋里装有一只听诊器。他对学生们说："今天请你们到这里来，是想让你们亲自体验一个关于电击的实验。"

接着，茨沃斯坦博士介绍了要做的实验："很简单，就是你们每一位轮流被电击一次。这个实验会让你们感到痛苦，相当的痛苦，但你们应该明白，为了人类的利益，进行这样的电流冲击实验是很有必要的。现在，我就告诉你们怎样做：把电极固定在你们的手上，你们再与这样一台设备连接起来（茨沃斯坦博士指着一台电子设备），接着就给你们每一个人接通电流，并测出脉搏、血压等的不同数据。我想再次提醒你们，电击是相当痛苦的，但不会给你们留下任何后遗症。"

"现在，"茨沃斯坦博士说，"因为电器设备还没有完全装备好，要再等10分钟，你们可以独自等候，也可以和别人在一起。"

一想到自己马上就要遭受电击的痛苦，这些女学生们紧张得无所适从。这时茨沃斯坦博士拿出一张调查表，向学生说明可以在上面打叉，表示选择自己是喜欢单独等待还是和别人一起等待。

调查的结果是，在紧张状态下，大多数人喜欢和别人在一起，也就是说，渴望握着别人的手，从中获得力量。需要补充的是，在茨沃斯坦博士没有说明进行电击实验时，有66％的学生愿意独自等候。

一个人的力量毕竟是有限的，每个人都有需要别人帮助的时候。不要怕麻烦别人，请别人帮你一个忙。你可能会以为越重大的事情，越需要找亲近的人帮忙。其实不然，有时候你不熟的人反而可以帮你很大的忙，像是帮你搬家。

请求他人的帮忙，是每一个快乐的人都知道该怎么做的事。它是一种艺术，也就是说，你可以越做越好，像你做其他事一样——只要不断地练习。别担心要如何回报对方，生命本身就提供了很多互惠的机会，只要你记得在自己有能力的时候应该尽量帮助别人。

即使不是很熟的朋友也没关系，因为替一个你并不熟，但是很想更进一步相知的朋友服务，是增进友谊的最好方法。

情绪驿站
QINGXUYIZHAN

要求别人的帮助并不会证明你就是一个弱者，相反它可以帮你更加顺利地完成你的目标。每个人都需要帮助。所以，不要害怕去请别人的帮助，更不要吝啬自己对他人的帮助。人类正是在这种互帮互助中才有了今天的发展和辉煌，不是吗？

自我安慰：只有上帝能改变任何事情

自我安慰不是简单的精神胜利法，它更是一种良好的心理素质。

和所有忠实的回教徒一样，阿拉伯人相信穆罕默德在《古兰经》上所写的每一句话，认为都是真主阿拉的圣言。当《古兰经》上说"真主创造你，以及所有的行为"时，他们实实在在地接受下来。这也就是为什么他们能够安详地生活着，当事情出了差错时，也不发那些不必要的脾气的原因。他们知道，所有的事是早就注定好的；除了真主，没有人能够改变任何事。不过，这并不表示，他们在面对灾难时只是坐着发呆。

撒哈拉沙漠是世界上最干旱的沙漠，住在撒哈拉沙漠的阿拉伯人经常经受炙热暴风的考验。

一次，暴风一连吹了三天三夜，风势很强劲，很猛烈，甚至把撒哈拉的沙子吹到了法国的隆河河谷。暴风十分热，吹得人头发似乎全被烧焦了，喉咙又干又焦，眼睛热得发疼，嘴里都是沙砾。人似乎站在玻璃厂的熔炉之前，被折腾得接近于疯狂的边缘。但阿拉伯人并不抱怨。

暴风过后，他们立刻展开行动：把所有的小羔羊杀死，因为他们知道那些小羔羊反正是活不成了；而把小羊杀死，可以挽救母羊。在杀了小羊之后，他们就把羊群赶到南方去喝水。

所有这些行动都是在冷静中完成的，对于损失，他们没有任何忧虑、抱怨。部落首长甚至说："这还算不错。我们本以为也许会损失所有的一切，但是感谢真主，我们还有百分之四十的羊群留了下来，可以从头再来。"

曾经有一个记者叙述了自己这样一段经历：

记者乘车子横越大沙漠时，一只轮胎爆了，司机又忘了带备用胎，所以他们只剩下三只轮胎。又急又怒又烦的记者问那些阿拉伯人该怎么办。他们说，着急于事无补，只会使人觉得更热。车胎爆掉是真主的意思，没有办法可想。

于是，他们又开始往前走，就靠三只轮胎前进。没过多久，车子又停了，汽油用光了。但阿拉伯人并不因司机所带的汽油不足而向他大声咆哮，大家反而保持冷静。后来，他们徒步到达目的地，一路上还不停地唱歌。

住在撒哈拉沙漠的阿拉伯人是没有烦恼的，无论在多恶劣的条件下，他们都保持着快乐平安的心境——因为他们学会了自我安慰。在事情已成定局难以挽回的时候，可以使用精神胜利法维护自尊心和自信心，以图再度振作。

心理学认为，人的好恶和自我评价来自于价值选择，当消极的情绪困扰你的时候，改变你原来的价值观，学会从相反的方向思考问题，就会使你的心理和情绪发生良性变化，从而得出完全相反的结论。

这种运用心理调节的过程，称为反向心理调节法，它常常能使人战胜沮丧，从不良情绪中解脱出来。

两个工匠去卖花盆，途中翻了车，花盆大半打碎。

悲观的花匠说："完了，坏了这么多花盆，真倒霉！"

而另一个花匠却说："真幸运，还有这么多花盆没有打碎。"

后一个花匠运用反向心理调节法，从不幸中挖掘出了幸运。

很多情况下，人们的痛苦与快乐，并不是由客观环境的优劣决定的，而是由自己的心态、情绪决定的。遇到同一件事，有人感到痛苦，有人却感受到快乐，情绪不同的人会得出不同的结论。

情绪驿站
QINGXUYIZHAN

在烦恼的时候，与其在那里唉声叹气，惶惶不安，不如拿起心理调节的武器，从相反方向思考问题，使情绪由阴转晴，摆脱烦恼。正如俄国作家契诃夫曾写道："要是火柴在你口袋里燃烧起来了，那你应该高兴，而且感谢上苍，多亏你的口袋不是火药库。要是你的手指扎了一根刺，那你应该高兴，挺好，多亏这根刺不是扎在眼睛里。依次类推……照我的劝告去做吧，你的生活就会欢乐无穷。"

自我安慰是一种能力，懂得自我安慰的人在失败和困境中会降低自己的挫折感。世界上那么多人，每个人在自己的世界当中都是巨大的，可是在别人眼里通常又是微不足道的。我们不能期许命运之神的特别眷顾，如果我们不能从外界得到救赎，起码我们还可以自我安慰！

第五章

把充实健康心灵的蜡烛点亮

　　一味地追求物欲或仅仅用物质来满足自己，是无法满足空虚的心灵的。只有爱才能给人带来温馨，才能填满空虚的心灵。幸福是一种状态，就是我们的心被爱填得满满的感觉。每个人的手上都有一支幸福的蜡烛，有时候我们觉得它微不足道，那是因为我们没有把它点亮。

散发出关爱和赞美的信念

生活是一面镜子，你笑，它也笑；你哭，它也哭。

老人静静地坐在一个小镇郊外的马路边。

一位陌生人开车来到这个小镇，看到了老人，停下车打开车门，向老人问道："老先生，请问这个城镇叫什么名字？住在这里的人属于哪类人？我正在寻找新的居住地！"

老人抬头看了一眼陌生人，回答说："你能告诉我，你原来居住的那个小镇上的人是什么样的吗？"

陌生人说："他们都是一些毫无礼貌、自私自利的人。住在那里简直无法忍受，根本无快乐可言，这正是我想搬离的原因。"

听了这话后，老人说："先生，恐怕你要失望了，这个镇上的人和他们完全一样。"陌生人快快地开车离开了。

过了一段时间，另外一位陌生人来到这个镇上，向老人提出了同样的问题："住在这里的是哪一种人呢？"

老人也用同样的问题来反问他："你原来居住的镇上的人怎么样？"

陌生人回答："哦！住在那里的人非常友好，非常善良。我和家人在那里度过了一段美好的时光，但是，我因为职业的原因不得不离开那里，希望能找到一个和以前一样好的小镇。"

老人说："你很幸运，年轻人，居住在这里的人都是跟你们那里完全一样的人，你将会喜欢他们，他们也会喜欢你的。"

如果我们在寻找坏人，那么就真的会遇到坏人，如果我们在寻找好人，就一定会见到好人。生活就像一面镜子，你看到的往往是你自己的样子。

沃恩每年都会受邀参加某单位的杂志评审工作，这个工作虽然报酬不多，但却是一项荣誉，很多人想参加却找不到门路，也有人只参加一两次，就再也没有机会了！沃恩年年有此"殊荣"，让大家都羡慕不已。

他在年届退休时，有人问他其中的奥秘，他微笑着向人们揭开谜底。

他说，他的专业眼光并不是关键，他的职位也不是重点，他之所以能年年被邀请，是因为他很会给别人"面子"。

他说，他在公开的评审会议上一定会把握一个原则：多称赞、鼓励，而少批评。但会议结束之后，他会找来杂志的编辑人员，私底下告诉他们编辑上的缺点。

因此，虽然杂志有先后名次，但每个人都保住了面子。也正是因为他顾虑到别人的面子，因此承办该项业务的人员和各杂志的编辑人员，大家都很尊敬他、喜欢他，当然也就每年找他当评审了！

年轻人常犯的毛病是，自以为有见解，自以为有口才，逮到机会就大发宏论，把别人批评得脸一阵红一阵白，他自己则大呼痛快。你如果把别人批评得一无是处，那么你在别人眼里同样是一无是处的，甚至更糟。这种举动正是在为自己的祸端铺路，总有一天会吃到苦头。

事实上，给人面子并不难，大家都是在人性丛林里讨生活，给人面子基本上就是一种互助。尤其是一些无关紧要的事，你更要会给人面子。你眼中的别人的样子，往往就是别人眼中的你的样子。如果你不想让自己变得面目可憎，就必须改变自己眼中的世界，学会给别人留面子，自己本身也就有了面子。

某班同学之间不和，惊动了老师。

一天上课时，老师给每人发了一张纸条，要求全班同学以最快的速度，写出他们所不喜欢的人的姓名。

有些学生在30秒之内，仅能够想出一个，有的学生甚至一个也想不出来，但是另外一些学生却能一口气列出15个之多。

老师将纸条逐一收上来，然后进行统计分析，结果发现，那些列出不喜欢的人数目最多的，自己也正是最不受众人所喜欢的，而那些没有不喜欢的人，或者不喜欢的人很少的学生，也很少有人讨厌他。于是，老师得出一个结论：大体而言，他们加诸别人的批判，正是对他们自身的批判。

由此可见，当你不喜欢别人时，相应地，别人也可能不会接纳你，因为你所发出的不友善的信息，别人一样可以感受到。你散发出怎样的信息，就会得到怎样的回报。

😊 情绪驿站 QINGXUYIZHAN

在现代生活中忙碌的人们，很多人都忽略了身边的人，然而反过来又觉得自己没有得到别人足够的重视。你没有去重视别人又怎么可能得到别人的重视呢？所以，不如从现在开始学会去爱别人，关心别人，赞美别人，很快你将会发现非同寻常的反应，世界变得如此美好，每个人都那么可爱，所有的人都在对着你笑。

主动去做该做的事情

积极者相信只有推动自己才能推动世界，只要推动自己就能推动世界。

一个年轻人整天在家什么都不干，也不知道自己应该干什么，他陷入了迷茫，觉得自己一生没戏了。于是他去找一位算命先生，希望能指点迷津。

可是事情并不如他所愿。年轻人苦恼地对算命先生说："您看我现在书也没有好好念，没有多少知识，找不到好工作。前两天，好不容易在工厂找了个做活的差事，可是我一不小心睡过了头，又被开除了。您看我年轻时遭遇了这么多的磨难，是不是到了中年会苦尽甘来呢？"

算命先生掐指一算，摇头说："你到30岁还成不了什么大事业！"

年轻人大失所望，说道："别人都说大人物是要经过一些磨难的，可我怎么还会一事无成呢！看来，我是命该如此！"

年轻人想了想，还是有些不甘心，又问道："那我40岁呢？"

算命先生轻蔑地看了看年轻人，说："你现在就这样了，到40岁的时候，你就已经习惯了！"

算命先生的最后一句话像警钟一样惊心动魄。当一个人习惯了平庸，甘于落后的时候，那将是一件多么可怕的事情啊！

这种情况最直接的原因就是缺乏进取心，这是一种极其可怕的消极心态。念书的时候不思学习，工作的时候消极怠工，等到了30岁，有了精力却没有能力，好不容易有了能力又没有机会，等有了机会人也老

第五章　把充实健康心灵的蜡烛点亮

215

了，到了40岁时，你就会对按部就班的生活和贫穷的日子习以为常，麻木地听从现实生活的安排。进取的意志慢慢被生活消磨而去，追求的事业没有了动力，就像一部陈旧的机器一样锈迹斑斑。这种思想很多人都有，也很容易沾染上。

积极思考造成积极人生，消极思考造成消极人生，积极的心态是我们生活的动力。

什么是积极的心态？就是主动去做应该做的事情。积极的心态对一个人的一生实在是太重要了。没有它你就不会坚持学习，遇到挫折就会立即放弃，获得一次成功就会自我满足。年轻人尤其要有积极的进取心，年轻时没有它就会整天游手好闲，不学无术，没有挣钱的目标，也没有为社会贡献的想法，更不用说付诸实践；到了中年还没有它，就会一事无成，苟且偷安；步入晚年，生活就会没有着落，惨淡无光，更不用说什么大器晚成了。

始终相信自己会有一番作为，并积极主动去实施自己的计划。只有这样你才能不断地超越自己，在下一次的生意中弥补上一次的不足，做得更好，更加完美地实现自己的价值；对自身的素质会提出更加严格的要求，对经营和管理也会精益求精……总之，积极的心态是一种助推器，会把你的事业推上顶峰。

积极的力量是不可估量的。年轻的日本商人齐藤竹之助一心希望能在商业中有所作为，可是到了57岁的时候，他拥有的全部却是320万日元的债务。你能想象他最后的结局吗？四处躲债？消极遁世？宣告破产，一走了之？甚至自杀身亡？难以想象的是15年过去了，72岁的他成了全世界的首席推销员。

他对于成功经验的概括只有两点：一要有坚定的信念，二要有不断进取的精神。这个事例无疑是震撼人心的。如果你现在意识到积极心态的重要并用于你的事业上，我相信成功就离你不远了。每一日你所付出的代价都比前一日高，因为你的生命又消短了一天，所以每一日你都要更积极。今天太宝贵，不应该为酸苦的忧虑和辛涩的悔恨所销蚀，抬起下巴，抓住今天，它不再回来。

情绪驿站
QINGXUYIZHAN

一个人的生活中，如果缺乏积极的力量，那么他的生活多是索然无味的；一个人的学习中缺乏积极的力量，那么他的学习多是枯燥无趣的；一个人的工作中缺乏积极的力量，那么他的工作多是原地踏步的；一个人的创业中缺乏积极的力量，那么他的事业多是没有突破的……所以，请用积极的力量替换掉一切消极的因素，将懒怠、胆怯、安于现状甚至逃避现状等情绪全部替换，让自己的人生从此轻松而富有激情地向前向上发展。

第五章　把充实健康心灵的蜡烛点亮

217

明确想要什么样的生活

这是一个土著人和商人的故事。

在风光迤逦的合里岛上，一位土著人和一位商人不期而遇。商人满怀欣喜地说："太好了，半日休闲，清凉的海风，迷人的风景，这里仿佛是世外桃源，哎！只可惜你们太懒惰了，没有好好地运用观光资源，多做点建设。"

土著人不解地问商人："建设合里岛做什么？这样的日子不是很好吗？"商人满脸不屑，说："傻瓜！这里寸土寸金，环境优美，在这鸟语花香的土地上，要是能多盖一些高楼大厦，多建几座国际性的观光饭店，想必一定可以吸引更多的观光客和投资者，这样就可以创造合里岛的无限商机，你们就可以赚大笔的钞票了。"

土著人还是瞪大双眼，疑惑不解地问商人："赚那么多的钱做什么呢？"商人听完土著人的话狂笑不已地说："你们就是头脑太简单。钱财可以使你富裕，富裕可以驱逐贫困、改善你的生活，那时你就可以过你想要的日子。像我在社会上拼命打拼、夜以继日努力工作、创造财富，就是希望后半辈子能过与世无争、轻松悠闲、毫无压力的日子……"

此时，土著人更是百思不得其解地对商人说："我现在过得不就是这样的日子吗？阳光、沙滩、空气、海水，虽然缺乏现代化的生活，但我们过的是恬静的日子，我们可以感觉到轻松、自在，我们的生命中充满了喜悦与感激，这就是我们想要的生活。"

那么，什么是我们想要的生活呢？今天，人们终于能停下匆忙的脚步来关注一下平时并不曾太在意的灵魂，开始重视对生活的体验，并致力于重新建立自我的生活秩序。一时间，返璞归真成了人们追求的时髦。

现代人的心灵空虚，总觉得生命不应该就这样走下去。很多人自问，我到底是怎么了？我的灵魂生病了吗？是不是因为我在寻求物质享受与满足可怜的虚荣的同时，将宝贵的灵魂出卖了？

面对着越来越多的不快乐，我们有必要重新检验生活的品质，虽然这的确是一件不愉快的事，但我们必须在生活中品味出生活的另一种最真、最简单的快乐——一种让我们的灵魂苏醒的美好的生活方式。

现代人觉得，自己老是急急忙忙在追赶什么目标。一个冠冕堂皇的理由在支持我们过如此急促的生活：我们是有史以来把生活过得最扎扎实实的现代人。

哈佛大学的研究人员发现，当今我们的工作时间比20年前的人整整多上一个月。即便如此也并没有反映出某些个别人的生活真相。

有些人一周工作50、60、70小时，这全看你如何去计算。这是你在办公室的时间，还是加上在家工作的时间？还是加上了你打电话、处理文件或半夜无法入睡的忧虑时间？无论真正的时间是多少，总之，对所有的人来说，这么大的工作量太过分了。

我们丧失的不只是时间，还有生命的真正乐趣。我们无法品味生活，我们的生命活力被压抑了。我们对所有的事都漠不关心，只有极少数的事能激起我们的热情。我们不微笑，也不歌唱或跳舞。虽然现在我们也去K歌，但这也仅仅是短暂的逃避而已。

情绪驿站
QINGXUYIZHAN

我们的生活看来平常，但你只要仔细分析一下，就会看出其中的异常之处。我们无法拒绝本应拒绝的人和事。我们对日常发生的点点滴滴毫无感觉，我们也不再感到惊奇。

我们不再和朋友吃晚餐，而是一边吃饭一边接听电话或打电话。

我们越来越频繁地使用电话，我们只能对着机器讲话。

我们在电脑上约会、谈恋爱、交朋友。

我们都希望我们的所在地吸收更多的人来投资，从而增加就业机会，让每个人都找到一份好的工作。

我们都知道，生活中不应该有寂寞。我们都需要朋友，但却都迟疑该不该给朋友打电话。有时我们怕朋友太忙，有时又怕别人认为我们太缠人，结果却使得对朋友的需要变成了我们性格上的一种弱点。

存在于我们社会中的通病还有很难用统计数字来形容的厌倦。在现代社会中，厌倦是一般人常有的情绪，但有些人却表现出一些异常的行为，譬如喜欢暴力或有一些奇怪的娱乐嗜好。那种娱乐嗜好通常是自我沉溺式的。最常见的就是长时间坐在电视机前观看毫无趣味的节目，或是花很长的时间逛街，买一堆垃圾回家，也许他们还觉得自己对经济流通有贡献，因为其他人只是穷逛而已。

这就是我们的生活时尚，现代社会中的很多问题都是我们自己选择的结果。

人生如同故事，重要的并不在于有多长，而是在于有多好。不妨静下心来审视一下，你的人生够好吗？

有健全之身始有健全之神

良好的健康状况和由之而来的愉快的情绪，是获得幸福的最好资金。

乔治先生的秘书在接待一位来访的大客户时说："很抱歉，我们经理刚去夏威夷度假了，要不您等四天再来吧！"

"什么！四天？他扔下这么大的生意摊子，竟然去度假四天！"客户的眼睛如同两只铜铃，仿佛质问的对象是自己的下属。

"是的，经理走之前，交代得很清楚，在这四天中不要用公事打扰他！"秘书毕恭毕敬地回答。

"那么，我给他打电话可以吗？"客户紧接着问，"我不谈公事！"

秘书犹疑着答应了。

"你工作一个小时可以挣50美元，你一下子就休息四天，一天八个小时，一个月就少挣1600美元，一年你就少挣12个1600美元，老兄，这值得吗？"客户接通了乔治先生的电话，开始叫起来。

乔治先生懒洋洋地在电话里回答："我一个月多工作四天，一天八个小时，我能多挣1600美元，可是我的寿命将减少四年，四年的损失就是48个1600美元，到底哪种损失更大呢？"

当工作和健康有了冲突的时候，你会怎么办呢？乔治先生毅然选择了休息，投入自然美景中，享受生活的乐趣，这样无疑更有利于工作，更有利于事业发展。

比起一般人来，商人要忙碌得多，几乎所有的商人都知道不要将私人空间融入工作，但几乎每个商人都曾经毫无顾忌地侵占了私人的休息时间。我们可以计算一下自己的工作时间，在工作的初期或者发展阶段，除了朝九晚五的八小时外，是不是常常赶早到办公室，此外还要加几小时的班，熬通宵也是常有的事。

"会休息才会工作"这个道理相信大家都明白，但大多数人明知道硬撑着会降低工作效率，还是不愿意"浪费"休息时间。我希望，乔治经理算的那笔账能够让每个人都有清醒的认识——把工作当生活是多么的愚蠢，拿健康去换取财富更是赔本生意！

情绪驿站 QINGXUYIZHAN

大师蔡元培说："殊不知有健全之身体，始有健全之精神；若身体柔弱，则思想精神何由发达？或曰，非困苦其身体，则精神不能自由。然所谓困苦者，乃锻炼之谓，非使之柔弱以自苦也。"这也告诉我们，身体的健康是精神健康的重要保障。

世界上最精明的犹太商人一生活到老，赚到老，算计着自己的寿命用挣来的钱享受生活。他们既忙碌又清闲，懂得珍惜时间创造财富，也懂得保养身体享受生活。有着"钱的血统"的犹太商人尚且如此，我们是不是更应该在挣钱的同时享受生活呢？

首先，要保证自己的身体健康，有充沛的精力应对纷繁复杂的事务。注重饮食，营养平衡，不要嗜烟喜酒，更不要纵情声色。

其次，要有健康和稳定的心态。平和的心境很重要，太多的欲望、急功近利、消极不振或者牢骚过多都不利于消除紧张和疲劳。记住：下班后一定要把所有烦恼和压力都抛开，要把身体健康和心灵安定放在首位。

钱是永远都赚不完的，而生命是脆弱而短暂的，只有享受了生活，保住了健康，才能挣更多的钱，也才能更好地体验生活的本质。

把目光调控到快乐频道

不论你拥有什么，你是谁，在什么地方，正在做什么事情，决定你快乐与否的因素是：你如何看待快乐，如何控制它。

比如，两个同样地位的人，做着相同的工作，都拥有大致相等的金钱和名望。但是，一个郁郁寡欢，另一个却每天笑口常开。是什么原因呢？其实，仅仅是心理态度不同而已。

我们要做的就是激发自己对生活的热情，积极寻求快乐。

当然，我们必须具备非同寻常的见解才能产生这样的热情。见解源于思考，有时也需要搜集大量的信息。

真正的快乐是内心自然的流露，并不是戴着灿烂的笑容面具所能伪装的。一个真正快乐的人总是显得容光焕发。

我们经常听到这样的说法，某某人尽管长得不漂亮，但非常具有"亲和力"，别人都喜欢亲近他；某某人永远板着一张脸，总是一副不快活的样子，大家一看见他就想跑。

快乐需要自己去寻找，没有人会施舍给你。在生活中，每个人都有自己无法解决的难题，谁也没有多余的心思去考虑别人的痛苦。经常发生的事情是，我们自己为难自己，外人则不会在意。

一位父亲发现，儿子每天上学前都愁眉不展，于是他在每天早上进早餐时讲一个笑话，目的就是为了儿子能很开心地背着书包出门。过了几个月，他发现儿子的成绩明显地进步了，于是他更加关注自己对儿子的正面影响，并努力让自己的每一天也过得更快乐。

你可能会问："快乐真的有很多吗？"事实上，快乐无时无刻不存在，办法之一就是保持高度的幽默感。比尔·寇斯比曾说："你能够选择用笑声去淹没所有的痛苦，只要你具有发现幽默的能力，那么所有的困难都能安然渡过。"

不知你是否发现，"小"快乐往往比"大"快乐更容易持久，也更让人满足。原因在于，当你感觉非常快乐时，神经感官受到了高度的刺激，无法在短时间内再次激发下一波更强的快乐，这种快乐过后，你会有一种空空荡荡的感觉。但是小快乐和它不同，它们来自窗外的阳光很好、百货公司在打折，等等，这些小事物都可以让我们会心地微笑。

俗话说，"相由心生，境由心转"。如果你整天沉溺在悲伤情绪中无法自拔，久而久之，你在别人眼中就是一个眉头紧锁的苦命人；如果你能够随时在生活中获取点点滴滴的快乐，你的眉宇间自然而然就会散发光彩。

只要转变想法和念头，自己去寻找快乐，人生就会变得更加美好。

一位老师走进了教室。他先拿出一张画有一个黑点的白纸，问他的学生："孩子们，你们看到了什么？"

学生们盯住黑点，齐声喊道："一个黑点。"

老师非常失望。

"难道你们谁也没有看到这张白纸吗？眼光集中在黑点上，黑点会越来越大。生活中你们可不要这样啊！"老师教导着他的学生。

教室里鸦雀无声。老师又拿出一张黑纸，中间有一个白点。他问学生："孩子们，你们又看到了什么？"

学生们齐声回答："一个白点。"

老师高兴地笑了："太好了，无限美好的未来在等着你们！"

原来获得快乐和幸福如此简单，只要我们将目光停留在快乐和幸福的事情上就行了。

☺ 情绪驿站
QINGXUYIZHAN

作家王蒙说："把烦恼当作脸上的灰尘，衣上的污垢，染之不惊，随时洗拂，常保洁净，这不是一种智慧和快乐吗？"

面对纷繁复杂的人生世界，你的目光会集中在哪里？如果你把目光都集中在痛苦、烦恼上，生命就会黯然失色；如果你把目光都转移到快乐之中，你将会得到幸福。是美好、快乐的人生，还是痛苦、忧伤的人生，从某种角度讲，往往取决于不同的思维模式。

我们可以用最少的努力去控制生活。这种"最少的努力"指的就是你的心理，它是一种乐观的心态。快乐属于你自己，只要你愿意；完全可以随时变换手中的遥控器，调整到快乐频道，然后将心灵视窗定格。

第五章　把充实健康心灵的蜡烛点亮

脚踏实地力戒浮躁

浮躁的人往往爱问："我到底该学什么？"其实，做人要脚踏实地地走路，切勿心浮气躁，才能使生活变得宁静，才能使事业如日中天，才能使学识与日俱增。

有着浮躁心态的人只希望事情按照自己的预想进行，他们不能适应现实世界，不接受周围的环境，不服气最后的结果，也因此常常忧虑。表现在工作上就是不屑于做基础的服务工作，却又希望客户能够理解；不接受顾客的建议和意见，却指望顾客源源不断。最后，自己的客户和顾客都跑到竞争对手那边去了。表现在生活中就是不接受别人的建议，不满意失败的结果，对任何事情都表现得很不耐烦。

不管情绪怎么捉摸不定，你都要想办法操纵它。这个时候的情绪和心态不仅仅是感情的表达，而且是攻防的武器，甚至关系到你能否在社会上游刃有余。

事情往往如此，你越是着急就越是不成功。这不是冥冥中的什么力量在操控一切，而是因为焦急和浮躁会让你失去清醒的头脑，使你无法冷静地思考和决策。所以，与其焦躁而一无所获，不如停下来，静下心慢慢地思考一下自己究竟哪里出了问题。清醒之后的头脑会告诉你所有的事情都不可能如你所愿般一下子就能完成，即使爬到最高的山上，一次也只能脚踏实地地迈一步。

陶渊明悟透人生得失之后，淡泊名利，遂辞官归隐田园，在一个非常幽静的小村庄里过着无忧无虑、悠闲自在的生活。

有一群书生得知鼎鼎大名的陶渊明就住在附近时，一个个都兴奋极了，结伴来找陶渊明，请教应该如何做学问。

陶渊明语重心长地告诉他们："做学问哪有什么捷径可走啊？我只知道古人有言，'书山有路勤为径，学海无涯苦作舟'，由此可以看出，获取知识的唯一途径就是勤学苦练。勤学则进，辍学则退！"

书生们都觉得陶渊明肯定还有所保留。陶渊明知道他们有些不大相信，于是便来到门口的稻田边，指着田地里的秧苗问："你们能看得见这些秧苗正在向上长吗？"

书生们对着那些秧苗左看右看，全都摇摇头。陶渊明又指着溪水边上的一块磨刀石问道："你们再来看这块磨刀石，现在它中间的部分已经明显地凹下去了，那你们知道它究竟是在哪一天变成这样子的吗？"

书生们又摇了摇头，陶渊明说："其实田地里的秧苗每天都在向上生长，只不过我们用肉眼看不见而已；这块磨刀石每天也都在磨损，只是我们感觉不到罢了。做学问也同样如此，这并不是一朝一夕就可以做到的，所以你们千万不可太浮躁，只要每天都有一点收获，日积月累便能够有很大的长进了，而不能希望在一两天之内就看到十分明显的效果。同样，一旦你稍有松懈，知识便会像这块磨刀石一样在无形之中慢慢耗损掉。因此，你们一定不能心浮气躁，只要脚踏实地去学，一定会有所收获的！"

这番话说得入情入理，书生们全都心悦诚服地点头称是，并不约而同地恳请陶渊明赠给他们一句话，以此来勉励自己。

陶渊明稍加思索，便饱蘸浓墨，挥笔写下了这样两行字：

勤学如春起之苗，不见其增，日有所长；

辍学如磨刀之石，不见其损，日有所亏。

浮躁的情绪对于任何事情来说都是非常不利的，只有脚踏实地，才能走得更远更稳。而欲速则不达，事情不会因为你焦急的心情有任何进展，相反它会变得更糟。

凡是成就大事的人都会力戒"浮躁"，他们修身养性，善于控制自己的心绪，这种稳健的心态是处理各种问题的前提所在，什么样的心态决定什么样的结果。

很多人自认为不比别人差，但是始终不明白为什么成绩总是不如别人，甚至把别人的成功归于运气。他们不去探寻别人成功背后的原因，只是自怨自艾；不知道检讨自己的过失和不足，只知道嫉妒或者诋毁别人的成功，其实这本身就是浮躁的表现，一无所获和无所进步就是自然而然的结果了。

一个年轻人在岸边钓鱼，坐在他旁边的是一位老人，也在守望着一根长长的钓竿。

一段时间过去了，奇怪的是，老人时不时地能钓到一条条银光闪闪的鱼，可是年轻人的浮标却"无鱼问津"。年轻人终于按捺不住了，他迷惑不解地问老人："我们钓鱼的地方相同，您也没有用什么特别的诱饵，为什么我毫无所获，而鱼儿却买您的账呢？"

老人微笑着说："这就是你们年轻人的通病，喜欢浮躁，情绪不稳定，动不动就烦乱不安。而我钓鱼的时候，常常达到了浑然忘我的地步，我只是静静地守候，不像你会时不时地动动鱼竿，叹息一两声，我这边的鱼根本就感觉不到我的存在，所以，它们咬我的鱼饵，而你的举动和心态只会把鱼吓走，当然就钓不到鱼了。"

情绪驿站
QINGXUYIZHAN

很多时候，我们输给对方的不是外在的条件，甚至我们拥有的条件更优越，之所以"略败一筹"，是因为我们没有调整好自己的心态，没有控制好自己的情绪，这一切都流于浮躁。古语云：非淡泊无以明志，非宁静无以致远。因此，我们应该注重打磨自己的脾性，摒弃心浮气躁的不良习惯，努力修养身心，力求平和沉稳。

用尊重别人换取别人尊重

每个人都希望能够得到别人的尊重，然而，要想得到别人的尊重，首先要做的是学会尊重别人。所谓"将心比心"，当别人感知到了来自你的尊重后，别人自然就会尊重你了。

一位父亲这样提到自己寻求了解女儿的心路历程，以及"知彼"对父女两人深远的影响。

女儿凯琳14岁时，开始对我们十分不尊重，经常出言讽刺、语气轻蔑，她的行为也开始影响了弟弟和妹妹。

我一直没采取行动，直到某天晚上，妻子、我及凯琳在我们的寝室里，凯琳脱口说了些很不当的话。我觉得她实在闹得不像话，于是大声呵斥道："凯琳，你听好了，让我告诉你我们家的规矩！"

我道貌岸然地开始长篇大论一番，以为能让她信服，知道该尊敬爸妈。我提到最近生日为她做的一切，还提醒她，我们如何协助她考取驾照，还让她开自己的车。我滔滔不绝举出了不少丰功伟绩。说完后，我以为凯琳大概会对我们叩拜一番，感激涕零，可是，她竟有些挑衅地说："那又怎么样？"

我气炸了，愤怒地说："你给我回房间去，我们真是不想再管你了。"凯琳冲出去，摔上自己的房门。我气得在房里踱步。

然而，冷静之后我突然想到，我并没试着了解凯琳，我虽无意打击她，但是只站在自己的立场上。这份觉悟扭转了我的想法和对凯琳的感觉。

半小时后，我来到女儿房间，第一件事就是为自己的行为道歉，我并未为她的行为开脱罪名，仅就自己粗鲁的举止致歉。

"我知道你心里有事，可是我不知道是什么。"我让她知道，我真的想了解她，最后，我终于营造出让她愿意跟我分享她内心不快的气氛。

凯琳有些迟疑地谈到她的感受：身为初中生，不但要把书念好，又得交到新朋友；她害怕自己开车，因为这是全新的经验，她会担心自己的安全；她刚接一份兼职工作，不知老板对她有何看法；她在上钢琴课，还要教琴，生活相当忙碌。

最后我说："凯琳，你觉得不知所措吧！"问题找到了，万岁！凯琳觉得有人了解她了。在面对这些挑战时，她觉得手足无措，所以对家人颇多怨责，因为她渴望家人的关注，其实，她真正想说的是："拜托谁来听我说说话吧！"

因此我告诉她："所以当我要求你尊重我们时，你觉得又多了一件事。"

"就是嘛！"她说，"又多了一件事！我连眼前的事都应接不暇了。"

我把妻子拉来，三人坐下来慢慢细谈，设法让凯琳简化自己的生活。最后她决定不去上钢琴课，也不教钢琴了。她觉得很棒。接下来的几星期，凯琳像是换了个人似的。

从那次经验后，凯琳对自己选择生活的能力更具信心。她知道父母了解她，也支持她。不久，凯琳决定辞去工作，因为工作不符合她的理想，她在别处找到一份极好的工作。

回顾过去，我想，凯琳的自信来自我们乐于花时间坐下来了解她，而不是对她说："好吧，这种行为不可饶恕，不准你出门！"

凯琳与父母的争执只是一种表象，父母想从儿女那里得到应有的尊重，就必须先学会尊重儿女的心理。相互之间的尊重可以加深彼此之间的了解和沟通。人与人之间的沟通一旦产生，许多问题就会迎刃而解。尊重别人不仅会换来别人的尊重，还会为自己的成功铺平道路。

吉姆·佛雷10岁那年，父亲就意外丧生，留下他和母亲及另外两个弟弟。由于家境贫寒，他不得不很早就辍学，到砖厂打工赚钱贴补家用。他虽然学历有限，却凭着爱尔兰人特有的热情和坦率，处处受人欢迎，进而转入政坛。

他连高中都没读过，但在他46岁那年已有四所大学颁给他荣誉学位，并且高居民主党要职，最后还担任邮政首长之职。

有一次记者问他成功的秘诀，他说："辛勤工作，就这么简单。"

记者有些疑惑，说道："你别开玩笑了！"

他反问道："那你认为我成功的原因是什么？"

记者说："听说你可以一字不差地叫出1万个朋友的名字。"

"不，你错了！"他立即回答道，"我能叫得出名字的人，少说也有5万人。"

这就是吉姆·佛雷的过人之处。每当他刚认识一个人时，他定会先弄清他的全名、他的家庭状况、他所从事的工作，以及他的政治立场，然后据此先对他建立一个概略的印象。当他下一次再见到这个人时，不管隔了多少年，他一定仍能迎上前去在他肩上拍拍，嘘寒问暖一番，或者问问他的老婆孩子，或是问问他最近的工作情形。有这份能耐，也难怪别人会觉得他平易近人，和善可亲。

吉姆很早就已发现，牢记别人的名字，并正确无误地唤出来，对任何人来说，都是一种尊重、友善的表现。

一个懂得如何去尊重别人的人，自然会得到别人更多的尊重，这条法则对于朋友、子女、长辈、泛泛之交都很适用。因为，每个人都渴望得到别人的尊重，同时这种尊重具有很强的反射作用，如果我们想要获得别人的尊重，就要先学会去尊重别人。

😊 情绪驿站
QINGXUYIZHAN

先贤孟子有云："爱人者，人恒爱之；敬人者，人恒敬之。"告诉我们的也是"要想得到尊重与爱戴，首先就要付出尊重与关怀"的道理。所以，如果你发现有人不尊重你，先别急着生气，也别针锋相对。何不审视一下自身的言行，看看是不是你的一些不恰当的言行伤害到了别人？很多人的思想中都是有这样一种传统观念"你敬我一尺，我敬你一丈"，如果你能够在与人交往中做到"敬人一尺"，那么，你就可能被"敬一丈"，此间的得失，应该很明了了吧？

世上到处都有好人

出门走好路，出口说好话，出手做好事。没有人富有得可以不要别人的帮助，也没有人穷得不能在某方面给他人帮助。凡真心尝试助人者，没有不帮到自己的。

这个世界上到处都是善良的人——琼妮·李·罗瑞用她的经历证明了这一点，她为大家描述说：

"一天上午，大约11点，在毫无心理准备的情况下，我的公司被两个生意人用所谓的法律手段夺走了，我立即惊呆了。向律师查询之后得知我只能认命。要知道，我生下来从没那么恐惧过。我失去了我的一切。下午两点左右，我到工厂向生产部经理露易丝诉说此事之后，我又与其他员工一一道别。这些人基本上都是从一开始就跟着我一起做事的。

"在新老板来接手的时候，发生了难以想象的事情。全公司上下的每一个人都收拾好东西辞职了。新老板向他们保证如果他们留下来的话，会给他们满意的条件。他特意找到生产部经理露易丝说，只要她肯回去，就给她一份终身职务。但是她回答：'我并不是非要靠你们这种人才能生活。'新老板都急疯了。他们有着大量的库存和机器，却不懂生产技术，又找不到人肯为他们工作。

"员工们跑去申请失业救济金，但是公司接到核实电话时，新老板说：'这些人在我们这里有工作可以做，叫他们回来上班。'员工们没有接受，这样他们当然没有钱可以领。我不能为他们做什么，我自己分文全无，一切都归公司所有。

"连续5个星期，情况没有任何改变。我担心那些员工怎么生活，因为他们总是转手就花光当月的收入。但是，到了第6个星期，新老板投降了，他们得到的只是一个空壳，因为他们无法开工。那天下午4点左右，公司合法地回到我手中，第二天一早，所有员工都回来上班了。

"当我失去公司的那一刻，最糟的情况确实发生了。我无能为力，只剩下员工和我之间真诚的尊重、赏识和理解。危机临头，他们剖开最真诚的忠心对我，使得新老板只好把公司归还给我。我永远感激他们，世上不会有人像我这样拥有这么多可爱的朋友。"

多么感人的故事啊！那些成熟的人在不断地发现我们人类可爱之处。只会说搞政治的人全是骗子、大公司都缺少人情味、当老板的都是奸商的那些人，都是不成熟的人。

是的，世上到处都有好人。当然，骗子、恶棍、盗贼、流氓也潜伏在人群当中，人生难免会碰上这样的人。这需要一个人有相当程度的成熟才能有所领悟，就像有燕子飞来并不代表春天已到来一样，偶尔遭遇一两个坏人并不代表全世界都是坏人。

![情绪驿站 QINGXUYIZHAN]

我们自己的行为和态度经常造成他人的一些行为反应，使得我们变得愤世嫉俗，武断地认为"这世上没有好人"。任何一个小孩子都能告诉你人性中的丑恶之处：自私、愚蠢、贪婪、自负。只有拥有了成熟的洞察力才能感知人类善良的根本，才能发掘人性中蕴涵着的资源和能力。世界上大部分的人都是善良的，只是我们对世界的怀疑和防范心理将自己的善良牢牢锁住，也将别人的善良拒之门外，只有解开心房才能让善良绽放。

第五章　把充实健康心灵的蜡烛点亮

付出是没有存折的储蓄

只有在你自己付出了许多的同时才会获得许多。要得到多少，你就必须先付出多少。你越是展示自己的才华，心地越是无私，越是慷慨大方，越是毫无保留地与别人交往，你获得的回报也就越多。总之，你从别人那儿获得的任何东西都是你原先付出的东西的回报。你在付出时越是慷慨，你得到的回报就越丰厚。你在付出时越吝啬、越小气，你得到的就越是少得可怜。你必须是出于真心的、慷慨的给予，否则，你得到的回报本应是宽阔的大江，但实际上你只得到了一条浅浅的溪流。

一个人如果能够利用各种可能的机会去探知生活的方方面面，他可能会获得全面而均衡的发展，然而如果他忽略了培养自己在社交方面的才能，结果是除了自己那点儿少得可怜的特长外，他仍然是一个能力上的侏儒。

无论你是朝气蓬勃的青年还是白发苍苍的老人，真诚坦率地付出都是令人愉悦的品质之一。那些愿意付出的人，没有人会不喜欢。一般来说，这些人都心胸宽广，慷慨大方。他们会唤起别人的爱意和自信，用他们的淳朴与直率换来别人的坦率与真诚。

每一个事业有成的人，在成功的路上，都曾经受到别人许多帮助。因此我们应该对别人付出作为回报，这是公平的游戏规则。

付出是追求个人成功最保险的方式。一个能够为别人付出时间和心力的人，才是真正富足的人。为别人付出不仅利人，同时能提升本身生命的价值，不论对方是否接受你的帮助，或是否心存感激。

想想看，如果每一个人都为他人付出，终其一生帮助对方，世界将变得多么和谐与美好！当然，付出是没有存折的储蓄，我们每一个人也都会得到别人的帮助。

美国东部某一个城市里，有一家经营非常成功的商店，他们所用的方法非常简单。店里的职员经常巡视商店附近的停车表，看到"已逾时"的灯号就代为投币，并且附上一张纸条，该家商店非常乐意为驾驶人服务，以免他们因为逾时停车而被开罚单。许多驾驶人专程到店里道谢，然后买了一些东西。

波士顿有一家大型的男装店，他们所卖的每一套西装口袋里，都塞着一张印刷精美的卡片，告诉消费者，如果那一套西装令他感到满意，可以在6个月后，拿着那张卡片回到店里换一条领带。当然，消费者很高兴再回到店里，而且经常会再买一套西装。

你所付出的额外服务会为你带来更多的回报。想想看种植小麦的农夫吧！如果种植一株小麦只能收获一粒麦子，那根本就是在浪费时间。但实际上从一株小麦上可收获许许多多的麦子。尽管有些小麦不会发芽，但无论农夫面临什么样的困难，他的收成必定多出他所种植的好几倍。

在一个多雨的午后，一位老妇人走进费城一家百货公司，大多数的柜台人员都不理她，但有一位年轻人却问她是否能为她做些什么。当她回答说只是在等雨停时，这位年轻人并没有推销给她不需要的东西，反而给她搬来一把椅子。

雨停之后，这位老妇人向这位年轻人说了声谢谢，并向他要了一张名片，几个月之后这家店东收到一封信，信中要求派这位年轻人往苏格兰收取装潢一整座城堡的订单！这封信就是这位老妇人写的，而她正是美国钢铁大王卡内基的母亲。

当这位年轻人打包准备去苏格兰时，他已升格为这家百货公司的合伙人了。

这个例子是报酬增加律的最佳写照，而报酬增加原因，就在于他比别人付出更多的关心和礼貌。

情绪驿站
QINGXUYIZHAN

这种情形同样也适用于你所提供的各种服务方面，如果付出价值100元的服务，则你不但能回收这100元，而且可能会回收好几倍。而到底能回收多少，就必须看你是否保持着正确的心态而定了。

如果你是以心不甘情不愿的心态提供服务，那你可能得不到任何回报，如果你只是从为自己谋取利益的角度提供服务时，则可能连你希望得到的利益也得不到。帮助别人解决问题，也会帮助你解决自己的问题，因为付出是没有存折的储蓄。

让自己的心态变得幽默

布笑施欢，令人如沐春风，神清气爽，困顿全消。在人的精神世界里，幽默感实在是一种丰富的养料，是人际交往最好的润滑剂。幽默对自我控制、自我调整以及提高团队的情绪有着极大的帮助。美国一所大学的研究已经证明，在你幽默的时候，你的自我感觉会变得更好。

在一次南部非洲首脑会议上，曼德拉出席并领取了"卡马勋章"。

在接受勋章的时候，曼德拉发表了精彩的讲演。在开场白中，他幽默地说："这个讲台是为总统们设立的，我这位退休老人今天上台讲话，抢了总统的镜头，我们的总统姆贝基一定不高兴。"话音刚落，笑声四起。

在笑声过后，曼德拉开始正式发言。讲到一半，他把讲稿的页次弄乱了，不得不翻过来看。

这本来是一件有些尴尬的事情，但他却不以为然，一边翻一边脱口而出："我把讲稿的次序弄乱了，你们要原谅一个老人。不过，我知道在座的一位总统，在一次发言中也把讲稿页次弄乱了，而他却不知道，照样往下念。"这时，整个会场哄堂大笑。

结束讲话前，他又说："感谢你们把用一位博茨瓦纳老人的名字（指博茨瓦纳开国总统卡马）命名的勋章授予我，我现在退休在家，如果哪一天没有钱花了，我就把这个勋章拿到大街上去卖。我肯定在座的某一个人会出高价收购的，他就是我们的总统姆贝基。"

这时，姆贝基情不自禁地笑出声来，连连拍手鼓掌。会场里掌声一片。

这就是幽默的魅力，它拉近了演讲者和倾听者之间的心理距离，打消了一位伟人的神秘感，显示出曼德拉高超的智慧和人际沟通能力。

为什么年迈的曼德拉能够保持身体健康、精神矍铄、爱心常在？离开总统职位后，他依然以和平大使的身份活跃在国际舞台上。

世间没有青春的甘泉，也没有不老的秘诀。曼德拉之所以拥有永远的青春，是因为他在丰富的人生阅历中，提炼出了大智慧，在苦难的折磨中，咀嚼出了大幽默。

曼德拉有着孩子般的童心。在会见拳王刘易斯的时候，他表示自己年轻时也是拳击爱好者。于是，刘易斯故意指着自己的下巴让他打，他笑着做出拳击的姿势。

旁边的人于是问他："假如您年轻时与刘易斯在场上交锋，您能取胜吗？"他说："我可不想年纪轻轻就去送死。"

正是在这一串串毫不做作的幽默之中，曼德拉展现出了他耀眼的人格魅力。在他周围，总是吸引了许多同事和战友，包括他的亲人。

二十多年的牢狱之苦，风刀霜剑的严酷相逼，曼德拉都用幽默来应对。

1975年，狱中的曼德拉首次被允许与女儿津姬见面。曼德拉入狱的时候，女儿只有3岁，如今女儿已经是15岁的大姑娘了。

曼德拉特意穿上一件漂亮的新衬衣，他不想让女儿感到自己是一个衰弱的老人。他知道，对于女儿来说，自己是一个她并不真正了解的父亲。他知道，女儿一定会感到手足无措。

当女儿走进探视室的时候，他的第一句话是：你看到我的卫兵了吗？然后指了指寸步不离的看守。女儿微笑了，气氛顿时轻松起来。

曼德拉告诉女儿，他经常回忆起以前的情景，他甚至提起，有一个星期天，他让女儿坐在腿上，给女儿讲故事。

透过探视室的小玻璃窗户，曼德拉发现女儿眼中噙着泪花。津姬后来描述了这一次见面，特意强调了曼德拉性格中风趣幽默的一面："正是父亲的这种幽默，让我这个以前并不了解他的女儿，和他一下子贴近了许多。"

幽默是人际交往的润滑剂，它可以使人笑着面对矛盾，轻松释放尴尬。幽默是一种机智地处理复杂问题的应变能力，它往往比单纯的说教、训斥或嘲弄使人开窍得多。

善于发现幽默的机会是心胸豁达的表现。当人们宽容的时候，就会忽略其中的恶意和偏执，给自己轻松，同时也给别人宽容。真正的优越感，不是来自争执时占了上风，而是来自对别人的宽容。有了这种轻松的豁达，幽默感自会产生。

情绪驿站
QINGXUYIZHAN

林语堂说："幽默如从天而降的湿润细雨，将我们孕育在一种人与人之间友情的愉快与安适的气氛中。它犹如潺潺溪流或者照映在碧绿如茵的草地上的阳光。"

幽默是一种优美健康的品质，幽默对你心理上的影响很大，它使生活充满情趣。哪里有幽默，哪里就有活跃的气氛。谁都喜欢与谈吐不俗、机智风趣者交往，而不喜欢跟抑郁寡欢、孤僻离群的人接近。

幽默能缓解矛盾，使人们融洽和谐。生活中，人与人之间常会发生一些摩擦，有时甚至剑拔弩张，弄得不可收拾。而得体的幽默，往往能使对方摆脱尴尬的境地。

幽默是人类独有的特质。一个幽默的人，能够给朋友带来无比的欢乐，并且在人际交往中增加魅力，因而备受欢迎。有些人天生就浑身充满了幽默细胞，但并不是说没有这种禀赋的人，就会一辈子刻板严肃。幽默的人生是健康的人生，试着让自己的心态变得幽默，未来也会跟着亮起来。

抓住每一次享受生活的机会

我们保持快乐的唯一办法就是，抓住每一次能够享受生活的机会——这些享受并非要等到你拥有金钱和地位的时候。

也许我们有时会有这样的想法，认为生活中的某些时段比其他时段更宝贵，但是，假若我们计算一下投入和产出，那么得到的结果会令人大吃一惊。

人生在世就是享受，就是追求快乐，至于其他成就则是兴趣、快乐和需要带来的副产品。快乐本身就是即时性的，它只存在于现在，过去和未来都无须提及，因此，珍惜生命中的每一天，重视今日的享受是非常重要的。

今天是人类历史上最伟大的一天，因为过去的时代造就了它，这里面包含了过去的种种成就与进步。今日的青年比50年前的青年更幸福，因为他们享受的生活简直不可同日而语。

自从发明了蒸汽电力，人们就从苦役中解放出来了，人们昔日的辛苦换来了今天的舒适和自由。实际上，现代普通老百姓享有的生活，就连100年前的帝王也无法享受到。

但是，现在仍然有人认为生不逢时，发出今不如昔的感叹，他们认为黄金时代属于过去，现代社会的生活糟糕透顶。这种看法简直大错特错！因为，最重要的是重视目前的生活，昨天和未来都微不足道。现代的人们应该和社会保持接触，不应该整日怀念过去或梦想将来，最终浪费了自己的精力。

生命的乐趣只有从今日的生活中去寻找。千万不要为了下个月下一年的打算而轻视眼前的一切，也不要践踏今日脚下的玫瑰花，更不要因为幻想而抛弃原本可以享受的所有幸福。

这些话不是教导人们忘却明天的计划，也不是教导人们不要展望未来，它的意思是，人们不要过分关注将来的事情，过于沉醉明日的梦想，否则，他只能错过今日的快乐、机会和享受。

计划一次轻松的出游，购买一件艺术品，修建一座舒适的宅院等等事情，并不是只有金钱和地位才能够实现的。如果你一天天、一年年地推迟这些梦想，不仅会失去生活的乐趣，还会阻碍追求未来的脚步。

当你完成一件事后就会在无形中得到一种享受。其实，这个世界上有很多我们可以享受但没有享受到的东西。因此，我们应该热爱生活，学会享受。如果每个人都能享受到其中的乐趣，这个世界无疑会变得更加美好！

情绪驿站
QINGXUYIZHAN

很多人常犯的错误是，总是将快乐寄托在明天。他们整天忙于工作，克制自己所有的奢侈行为，放弃每一个可以放松或追求快乐的机会。他们不去看戏剧，不去听音乐会，也不出去郊游，不买渴望已久的书，提不起阅读和欣赏的兴趣。他们总是说，如果自己有了足够的钱，或许可以做一次奢侈的旅行，将来也会享受更多的幸福。于是，他们总是盼望来年自己的境况变得好一些。但是，当第二年来临时，他们发现，自己仍然需要更忍耐、更节约。最后时间一年年过去，直到自己变得麻木不仁。

第五章　把充实健康心灵的蜡烛点亮

把心里的阳光传递给周围的人

俄亥俄州大学社会心理生理学家约翰·卡西波指出，人们之间的情绪会互相感染，看到别人表达情感就会引发自己产生相同的情绪，尽管你并不自觉在模仿对方的表情。这种情绪的鼓动、传递与协调，无时无刻不在进行，人际关系互动的顺利与否，便取决于这种情绪的协调。

越战初期，一个排的美国士兵在一处稻田与越军激战，这时，突然出现了六个和尚，他们排成一列走过田埂，毫不理会猛烈的炮火，十分镇定地一步步穿过战场。

美国兵大卫·布西回忆道："这群和尚目不斜视地笔直走过去，奇怪的是竟然没有人向他们射击。他们走过去以后，我突然觉得毫无战斗情绪，至少那一天是如此。其他人一定也有同样的感觉，因为大家不约而同停了下来，就这样休兵一天。"

这些和尚的处变不惊，在激战正酣时竟浇熄了士兵的战火，这正显示人际关系的一个基本定理：情绪会互相感染。

这当然是个极端的例子，一般的爱憎分明没有这么直接，而是隐藏在人际接触的默默交流中。在每次接触中彼此的情绪正相交流感染，仿佛一股不绝如缕的心灵暗流，当然并不是每次交流都很愉快。

在每一次人际接触时，人们都在不断传递情感的信息，并以此信息影响对方。譬如说，同样一句"谢谢"，可能给你愤怒、被忽略、真正受欢迎、真诚感谢等不同的感受。情感的感染是如此无所不在，简直让人叹为观止。

社交技巧越高明的人越能自如地掌握这种信息。情感的收放是情商的一部分，比较受欢迎或个性迷人的人，通常便是因为情感收放自如，让人乐于与之为伍。善于安抚他人情绪的人更握有丰富的社交资源。

情绪的感染通常是很难察觉的，这种交流往往细微到几乎无法察觉。

专家做过一个简单的实验，请两个实验者写出当时的心情，然后请他们相对静坐等候研究人员到来。

两分钟后，研究人员来了，请他们再写出自己的心情。注意这两个实验者是经过特别挑选的，一个极善于表达情感，一个则是喜怒不形于色。实验结果，后者的情绪总是会受前者感染，每一次都是如此。

这种神奇的传递是如何发生的？

人们会在无意识中模仿他人的情感表现，诸如表情、手势、语调及其他非语言的形式，从而在心中重塑对方的情绪。这有点像导演所倡导的表演逼真法，要演员回忆产生某种强烈情感时的表情动作，以便重新唤起同样的情感。

情绪的传递通常都是由表情丰富的一方传递给较不丰富的一方，也有些人特别易于受感染，那是因为他们的自主神经系统非常敏感，因此特别容易动容，看到煽情的影片动辄掉泪，和愉快的人小谈片刻便会受到感染，这种人通常也较易产生同情心。

所以人际互动中决定情感步调的人，自然居于主导地位，对方的情感状态将受其摆布。譬如说，对跳舞中的两个人而言，音乐便是他们的生物时钟。在人际关系互动上，情感的主导地位通常属于较善于表达或较有权力的人。通常是主导者比较多话，另一人时常观察主导者的表情。

高明的演说家、政治家或传道者，极擅长带动观众的情绪，夸张地说，就是调控对方的情绪于股掌之间，这正是影响力的本质。

所以说，情绪的感染力是巨大的，我们可以用自己积极的情绪去感染身边的人，使他们从低落的情绪中走出来，帮他们驱散生活中的阴霾。

罗曼·罗兰说："要想别人快乐，自己先得快乐。要把阳光散布到别人的心田里，先得自己心里有阳光。"一个人，不仅要自己快乐，还应该把快乐的因子传递给周围的人，这样的与人同乐才是最大的快乐。

真诚地赞美别人的优点

艾尼丝·肯特太太想聘用一位女佣，便打电话给那位女佣的前任雇主，询问了一些情况，得到的评语却是贬多于褒。女佣到任的那一天，艾尼丝说："我打电话请教了你的前任雇主，她说你为人老实可靠，而且煮得一手好菜，唯一的缺点就是理家比较外行，总是把屋子弄得脏兮兮的，我想她的话并非完全可信，我相信你一定会把家里整理得井井有条。"

事实上她们果然相处得很愉快，女佣真的把家里打扫得干干净净，而且工作非常勤奋。

我们相信，只要肯定对方的特殊能力，高度地给予评价并提出要求，任何人都会乐于将其优点表现得淋漓尽致。

莎士比亚曾说："夸奖他事实上并不拥有的美德。"要想矫正某人的缺点，不妨反过来先赞美对方的其他优点，他才会乐于迎合你的期望，自我矫正。

天底下，不论是穷人、富人、小偷，或是神甫，只要他们听到别人赞美自己的某一优点，他一定会全心全力去维护这份美誉，生怕辜负了自己和别人。

赞美不但让别人高兴，也可以让自己获得无数的友谊和协助，希望你能够培养起这种习惯。

学会用赞美的力量，主动真诚地赞美别人的优点，每个人都有很值得别人学习的优点，只要自己善于发现，不但自己受益匪浅，还能大大改善人际关系，大家再互相见面都能够笑脸相迎，氛围十分友好。

洛克菲勒曾经说过："要想充分发挥员工的才能，方法是赞美和鼓励。一个成功的领导者，应当学会如何真诚地去赞许人，诱导他们去工作。我总是深恶挑人的错，而从不吝惜说他人的好处。事实也证明，企业的任何一项成就，都是在被嘉奖的气氛下取得的。"

真诚地赞赏他人，是洛克菲勒取得成功的秘诀之一。

有一次，洛克菲勒的一个合作伙伴在南美的一宗生意中，使公司蒙受了100万元的损失。洛克菲勒不但没有责备他，反而说，你能保住投资的60％已是很不容易的事。这令合作伙伴大为感动，在下一次的合作中，他获得了很大的利润，并挽回了上次的损失。

技巧性的赞美与技巧性的批评一样，都能起到意想不到的激励作用。对别人进行赞美时应当注意分寸。每一个成年人都具有分辨力，虚假、夸大的赞美往往会起到相反效果，不仅无法保持领导者的威严，更无法起到激励的作用。

其次，赞美也要具体，针对每个人的不同特质进行表扬。譬如，管理者应该说的是"你今天的会议记录做得很好"，"你提交的报告很有创造性与建设性"，而不是"今天你的表现很好"。

赞扬要公开化，这与要私下批评是恰好相反的，但道理却是同样的。赞扬一定要及时，及时的反馈是强化人们行为的关键环节。

赞美要让他人知道，只有表现出来的赞美，才能感染别人的情绪。赞美是以真诚为基础的，是对别人的付出表示敬佩或谢意的一种表达。

情绪驿站
QINGXUYIZHAN

大文豪马克·吐温说过："一句美妙的赞语可以使我多活两个月。"赞美别人，仿佛用一支火把照亮别人的生活，也照亮自己的心田，有助于发扬被赞美者的美德和推动彼此的友谊健康地发展，还可以消除人际间的龃龉和怨恨。工作和生活中，赞美可以令别人愉快，自己也会因此受益。

人们都渴望得到赞美，但人们更渴望得到的是坦诚相见、真诚相待。所以，赞美要自然真诚，赞美的内容要确实存在，赞美的同时要给予对方微笑，亲切自然，真情流露。赞美别人时如不审时度势，不掌握一定的赞美技巧，即使你是真诚的，也会变好事为坏事。所以，心理专家告诉我们，开口前一定要掌握赞美的技巧。

坚守立身处世的基石

诚心诚意，"诚"字的另一半就是成功。诚实是雄辩能力的一部分。我们因自己热切诚恳，而使别人信服。

一个公司招聘员工，面试时总经理出了这样一道算术题：十减一等于几？

有的应试者说："你想让它等于几，它就等于几。"还有的说："十减一等于九，就是消费；十减一等于十二，那是经营；十减一等于十五，那是贸易。"

只有一个应试者回答：等于九。结果这个老实人被录用了。

如果是你，你会怎么回答？

是不是感觉轻易说出这个答案，会显得自己很愚蠢，智商低？

在现实生活中，的确有人把"诚实"视为"愚蠢"。一个简单的问题，被千奇百怪的答案搞得十分离奇。

人们往往会给自己套上繁重的枷锁，使原本应该轻松的生活变得沉重，而这种自作聪明的做法，往往使人啼笑皆非。

但诚实并非让你凡事都简单化，生活的宗旨应该是：不要把复杂的问题看得过于简单，也不要把简单的问题看得过于复杂。实事求是地回答自己认为正确的问题，代表的是一种做事的态度，而这种态度可以让你更接近成功。

从另一个方面讲，这个故事也告诉你要自信，敢于相信自己的判断，千万别让虚伪的表象蒙蔽你的心灵。

一个老实巴交的农民每天早出晚归，但是还是一贫如洗。幸运之神怜悯他，决定帮他一把。

一天清早，农民拿上斧头到河对岸去砍柴，可是，他的斧头突然就掉到河里去了。农民不禁黯然泪下。这时，桥墩下的幸运之神冲他喊："别伤心，我帮你把斧头捞上来！"

一会儿，幸运之神浮上来，举着一把金斧头，农民伤心地说："这不是我的。"一会儿，幸运之神又举出一把银斧头，农民看了看，说："虽然这两把斧头很值钱，但都不是我的铁斧头。"幸运之神只好拿出铁斧头，农民说："这把才是我的！真是太谢谢你了！"幸运之神高兴地把三把斧头都送给了那位农民。

农民的邻居知道这件事后，也想去碰碰运气。第二天，他到集市上花了一大笔钱特意做了一把大斧头。他信步走到桥上，把斧头扔到河里，然后就蹲在桥上拼命号哭。过路人都以为他是个疯子，从早到晚，没有一个人帮他捞斧头。无奈之中，他只好自己下河去捞，斧头没有找到，差点被淹死。回到家中就病倒在床上，休养了整整一个月。田里的庄稼也因此耽误了，这一年他颗粒无收。

对于上面的故事，我不想说什么深奥的道理。"别人的东西不要随便拿"不是在我们小时候妈妈经常告诫我们的吗？只是许多人健忘罢了。如果那位农民没有诚实的品质，他能得到幸运之神的垂青吗？而那位贪婪的邻居想通过欺骗的手段获得更多的财富，结果把自己也赔了进去。

诚实是一个人立身处世的基石，只有这样才能站得直，走得稳，行得正。小孩子不诚实，长大就会变坏；年轻人不诚实，后面的漫漫长路就举步维艰；老年人不诚实，大半生的清名就会毁于一旦。一句话，没有诚实的品德，你就会时时被人怀疑，处处遭遇排斥，无法在社会上立足。

第五章　把充实健康心灵的蜡烛点亮

别人因为你真诚的言行、高尚的职业道德和良好的信誉愿意和你合作，顾客被你的诚信打动，也会乐于光临。只有这样你才能挖掘出周围所有的"钱"能，才能有长远的"钱"途。

情绪驿站
QINGXUYIZHAN

有很多年轻人头脑发热，为了眼前的蝇头小利和一时的安逸享受，最后却把最宝贵的人格和清名都搭了进去，而且有可能失去的更多，这样真是可气、可悲又可惜。虽然诚实的人常常被人当作"老实巴交"的人来嘲笑，但是这种人最后一定会得到奖赏，而欺骗的最终结果只能是自己害自己。往往只有诚实的人才能笑到最后。

事业有成记得分享和懂得感恩

你感恩生活，生活将赐予你灿烂的阳光。

一个部门经理这一年的业绩特别突出，到了年底，老板在表彰会上特别表扬了他，除了公司颁发的奖金外，还另外给了他一个红包。在大会上，主持人根据公司的安排，请他谈谈心里的感受。

他拿过话筒就开始说自己在这一年中怎么兢兢业业，学习了多少知识，工作能力如何提高，可就是没有提及上司对他的信任和重用，更没有感谢同事和下属的帮助与合作。大会结束后，他一溜烟地跑了，也没有邀请同事们庆祝一下。

虽然，表面上大家都不说什么，但是，从此他的上司开始有意刁难他，同事们也离他远远的，下属们也变得懒散了，还经常顶撞他。

一个月过去了，他以前挂在脸上的春风得意的笑容没有了，渐渐成了一个孤家寡人。

不要感叹部门经理的上司、同事或者下属度量狭小，其实造成这种局面的是这个人忽略了别人的感受。每个人都认为别人的成功中有自己的功劳或者苦劳，而他却傻乎乎地独享荣耀，别人自然就会不舒服。

这个故事具有现实意义。当你的工作和事业有了特别的表现，你要记得不要独享荣耀；如果你的生意红火了，赚了大钱，也不要把所有的功劳都揽到自己身上。注意到这一点，我相信你获得的荣耀能够助你更上一层楼，你的人际关系也将更进一步。

如果你成功了，记得感谢。为什么那些名人接受采访的时候，总要

253

感谢一堆人，家人、老师、同学、朋友、领导、工作人员甚至对手……你不要认为这是华而不实的形式，不值得效仿，这恰恰是你必须做的事。记得感谢同人的协助，尤其要感谢上司和地位高的人，感谢他对你的提拔、指导、支持或授权。这绝对不是谄媚逢迎，而且足以消除别人对你的嫉妒，每个人都希望自己和荣誉与成功联系在一起，你的感谢会让别人反过来感谢你注意到了他。如果你感谢的是下属，你得到的将更多，他们会更加卖力地为你工作。

如果你成功了，记得分享。道理很简单，就像你亲手培植、灌溉的果树，最终硕果累累，你把一小部分分给附近的人们，他们会为你祝福，称赞你，希望你来年获得丰收；如果你把那棵树圈起来，防着守着，别人恐怕就会诅咒你的小气，有人可能还会偷你的果实，更糟的是，你的树干甚至会被人砍掉。你的主动分享会让别人有受尊重的感受。分享的方式有很多种，小的成功请吃糖，大的荣耀请吃饭。俗话说得好，吃人嘴软，拿人手短，别人分享了你的成功，就算想和你作对也不好意思了。

独享荣耀的人让别人的人生变得暗淡，甚至觉得你的存在是一种威胁。如果你懂得感谢、分享和谦卑，就等同于向别人保证："没有你就不会有我的今天，你成功的机会就要到了！"消除了别人的不安全感，你自己就安全了。

😊 情绪驿站
QINGXUYIZHAN

懂得感恩是上天赐予我们的一种能力，没有人可以凭借自己独自的力量去完成一项辉煌的事业，哪怕只是一件小事，也绝对不是你个人努力的结果。成功是各种合力会聚在一起的结果，我们实在是需要去感谢别人的。懂得感恩的人是心智成熟的人，生活赋予我们太多的恩赐。只有懂得感恩我们才能真正享受到成功的快乐，生活的美好，生命的喜悦。

不忘自我教育和完善自我

成熟的心灵，完善的人格，逐步获得的通达和成就感，个人的社会人格的所有较高的能力相组合，获取广泛的知识的兴趣和感情上的愉悦。这就是自我改善的各个阶段应该达到的终极目标。

1956年2月，纽约时报刊登了一篇对依萨克·普莱斯勒的专访：普莱斯勒先生白天在一家百货公司做售货员，他用4年的时间完成了高中夜校教育之后，又进入布鲁克林学院夜校，准备完成大学课程，然后继续研读法律。在大学一年级的一篇题为《快乐是什么？》的作文中，普莱斯勒先生写道：

"拿下高中文凭，进入大学，然后期待着做一名律师——这就是我最大的快乐。"

"这期待就能增添我内心的快乐，"普莱斯勒先生说，"大学要5年或更长的时间，这要看我努力的程度，然后法律学院的学习又需要5年。"

在年轻人看来，这个计划充满了抱负，不是吗？但依萨克·普莱斯勒是在他刚刚度过60岁生日之后进入大学的。他懂得，对于一个成熟的人，学习应该是任何年龄都可以继续的快乐体验。

教育不应该局限于校园内，必须有自己的一套正规的课程。

哈佛大学前校长A.劳伦斯·洛威尔博士曾经说过，大学教育或教育培训制度所能教给我们的只是如何帮助自己，我们必须学会教育自己。

教育贯穿成长的全过程，是一种心灵所需的自发的运动，是一个扩充心灵发展的过程。

一旦我们了解了这些，自我教育和自我改善便成了我们无论身处生命中的哪个阶段都可以追求的令人兴奋的体验了。没有什么能比开发出乐于在晚年继续摄取知识的热情更好的投资了。

得州一位律师的妻子，同时也是5个儿子的母亲，在儿子们受过大学教育和技术培训，成为专业和生意上的负责人之后，这个五十多岁、做了祖母的女士入读得州大学，并在4年后，以优异成绩毕业。现在，她七十多岁，已成为寡妇，但可别把你的同情心滥用在她身上！她机敏、可爱，整日为社区工作忙个不停，她多的是朋友和仰慕者，每一个与她接触过的人都说她会对人产生激励和启发。她的儿孙们都非常敬爱她，都很珍惜她与他们在一起的每一次机会，虽然这种机会少之又少。她为自己培养出成熟的心灵，如今她享受的是丰硕的成果。

那些没上过大学或夜校却渴望完善自我的人又该怎么办呢？

没错——他可以自修。

英国工党的杰出领袖赫伯特·莫瑞生说起他得到的最好的忠告是他15岁在伦敦为一家杂货店工作时的事。一个街头的骨相师为他摸过骨后，问他都看些什么书。"大部分是写恐怖的谋杀案的书和短篇故事。"莫瑞生回答。他说的就是书报摊上一个硬币一本的恐怖故事。

"看无聊的书倒是比什么都不看要好，"骨相师说，"但你有这么聪明的头脑，应该看些历史、传记方面的书。随自己的喜好去看，但要养成一个严肃的阅读习惯。"

骨相师的话成为莫瑞生人生的转折点。他从此明白即使只有小学文化，也能通过阅读来完善自己。莫瑞生开始频繁地往图书馆跑，终于有一天，他进入英国下议院成为现实。"过去我曾每天浪费几个小时听广播、看电视，"他说，"但是从没有哪个节目的价值能与一本好书相提并论。"

大多数现代人的心灵是荒芜的！尽管浩瀚的知识海洋任每个人遨游，图书馆的大门永远为每个人开放，但是，我们却在忍受心灵的饥饿。在物质上，我们过着高水准的生活，在知识上，我们却堕入无比贫乏的空洞中。当然，除了读书，我们可以通过各种途径进行自我完善，只要我们愿意抽出自己的闲暇时间就可以做到。

第五章　把充实健康心灵的蜡烛点亮

257

保持超凡脱俗的心境

山中大王老虎要出远门，想来想去，最后把猴子叫来，说："我出门在外的时候，山上的一切就交给你来掌管吧！"

猴子平时在山上游荡惯了，到处攀爬，和其他猴子一起嬉戏，一时间要做代理大王还真是找不到感觉。这只平凡普通的猴子开始想办法，揣摩威风凛凛的老虎的心理，模仿它的神态和举止，提高嗓门，尽量让自己显得威严庄重。猴子真的很聪明，不久它真的像大王了，以前和它一起玩耍的猴子都对它敬重有加，甚至诚惶诚恐。它自己也特别满意，感慨地说："做大王真过瘾！"

过了一段时间，老虎回来了。猴子又开始苦闷起来，自己毕竟还是猴子，可是它怎么努力也难以恢复到以前。它的同类开始讨厌它，因为它还是一副大王的架子，甚至对它们颐指气使，在它们面前喜怒无常。

平凡的猴子痛苦地对同伴说："你们为什么就不能对我尊敬些呢！毕竟我也是做过大王的！只是恢复到平常太难了，我看，你们是不可能理解的！"

一只小猴子天真地说："可是你说这句话的时候还像大王呢！"

也许这就是人们常说的"山中无老虎，猴子称大王"吧！猴子很可笑，不过在我们笑之前，最好还是先检讨一下自己。我们有没有因为一时的风光就得意忘形，不知道自己是谁，开始翘尾巴、摆架子了呢？

不管你现在多么成功，都要保持一颗平常心，尤其当你还想有所发展的时候。俗话说："布衣暖，菜根香。"最难能可贵的就是在辉煌的时候，仍然保留着质朴、谨慎和求实的精神。

平常心是一个人取得成功的必备品质之一，这也是几乎所有受欢迎者共同拥有的一项特质。他们沉着冷静、脾气温和，似乎也已超世俗纷争之上，轻易不与人争斗。他们生活态度积极，有幽默感。与之相处，是一种乐趣，一颗平常心是他们赢得生活的制胜法宝。

在加州，萨迪·邦克夫人已65岁了，却被别人称誉为"飞行祖母"。三年前，她决定当一名职业飞行员。因而，她不停地学习、训练，终于拿到了执照。现在她开着自己的飞机，四处旅行。最近她通过了各项考试，取得了驾驶波音机的资格。她说："依我所见，每人都应拥有一架飞机。"当她心情不好时，她便驱车去机场，把飞机开到7000英尺的高空，周围的一切立即变了样。她说："当你在高空俯视大地时，万物变得非常可爱，甚至连地面的人也很不一样。"

虽然我们无法在心情烦躁时都去驾驶飞机飞向高空，但是我们可以运用积极思想提高心灵境界，超越世俗纷扰。你的心境越高，就越不容易受外界影响，别人和你相处，也越感到高兴。所以，你应该让自己随时保持超凡脱俗的心境。

当你受到批评时，你是让批评激怒你，伤害你的感情，令你发火，闷闷不乐呢，还是欣然接受，处之泰然，因而获得别人的好感呢？一个人如果努力去尝试，他一定可以处理这类问题。

情绪驿站
QINGXUYIZHAN

美国历史上最受人尊敬的人物之一是前总统赫伯特·胡佛。有人向他提了这样一个问题："你一度成为美国人批评的中心人物，几乎所有的人都反对你，对你的言行举止嗤之以鼻。但是现在你是美国政界的元老，两大政党的人都对你十分尊敬，当你广受大家争议时，你有没有感到生气，进而扰乱你的目标？"

"每个人一生都需运用自己的头脑。当我决定从政时，我已仔细思考过从政对我意味着什么。我已掂量过将付出的代价。我清楚地知道我将遇到最尖锐的批评。尽管这样，我仍决定走上从政之路。所以，当我碰到尖刻的批评时一点也不感到惊讶。我早已预料会有这种事，果真不假。这样，我才能够平静地面对批评。"

保持平常心，我们便能以正确的心态积极面对批评。如果你心中已做好准备，当批评到来时，你便能泰然处之，而不会受到任何伤害。

把最重要的事情放在最前面去做

我们为很多事投入了相当大的精力，可是却不会从它们那里得到什么回报，岁月蹉跎、一事无成，怎么会不令人感到沮丧呢？

根据最近的一项调查，美国的普通家庭平均每天消耗在看电视上的时间达到7小时，虽然看电视是一种消遣，可以让人们开心解闷，但它同时也耗费了人们大量的时间，而且大多数节目是毫无意义的，因此我们必须学会选择的艺术，最好的办法是事先看看电视节目预报，挑选出自己最感兴趣的节目，这样就可以省下来很多的时间，而这些省下来的时间就可以用来做其他更重要的事情。

孰轻孰重是必须要分清的，重要的事情应该先做，这样我们就不会手足无措。最重要的原则就是不要去看远方模糊的，而要做手边清楚的事。

为明天做准备的最好方法就是集中你所有的智慧，所有的热忱，把今天的工作做得尽善尽美，这就是你能应付未来的唯一方法。不管你面临的事情有多少，你应该永远先做最重要的事情。如此坚持下去，你将会逐渐接近人生的大事。

请把自己认为最重要的事情列出来，并把它摆在第一位，养成这样一个好习惯，你就不会因为一些不重要的事情耽误精力和时间。对于成大事者而言，永远先做最重要的事情，是他们成功的最佳秘诀！

美国伯利恒钢铁公司崛起就是一个绝佳的例子。

公司总裁查理斯·舒瓦普以前总是为公司的发展头痛不已，他不知道如何提高自己和全公司的效率，有人建议他去请教效率专家艾维·利。艾维·利声称可以在10分钟内就给舒瓦普一样东西，这东西能把伯利恒钢铁公司的业绩提高50%。

他把一张空白纸递给舒瓦普，并说："请你写下你明天要做的6件最重要的事。"舒瓦普用了5分钟做完。

艾维·利接着说："请把每件事情对于你和你的公司的重要性罗列出来，并把它们按顺序排列。"舒瓦普又花了5分钟做完。

然后艾维·利郑重其事地说："就这样，请你把这张纸放进口袋，明天早上起来，你该做的第一件事是把纸条拿出来，按照上面所列的，先做第一项最重要的，不要让其他的事情来打扰你，只做第一项，全心全意地完成它。然后你采用同样的方式对待第二项、第三项……一直到你下班为止。这样一天下来，即使你只做完了一件事，那也没关系，因为你所做的事是你今天最重要的事情。"

艾维·利最后说："请你务必每一天都照这样去做——您刚才看见了，这样做只占用了你10分钟的时间，但它的价值不可估量。如果你对这种方法的价值深信不疑，那么让你们公司的每个员工也都这样做。这个试验你可以一直进行下去，然后给我寄张支票来，你认为这个建议值多少，就寄给我多少。"

一个月之后，舒瓦普寄去一张2.5万美元的支票给艾维·利，还附上一封信，舒瓦普在信上说，那是他一生中最有价值的一课。

仅仅5年之后，伯利恒钢铁公司这个当年默默无闻的小钢铁厂一跃而成为世界上最大的独立钢铁厂。可以说，艾维·利提出的方法对小钢铁厂的崛起至关重要。

按照平常的习惯，人们总是根据事情的紧迫感来安排先做什么后做什么，而不是根据事情的重要程度来安排事情的先后顺序。其实，这样的做法是被动地迎合事情，而不是主动地去完成事情。想有所成就的人不应该这样工作。

分清轻重缓急，设定优先顺序。成大事的人都是以分清主次的办法来安排时间，把时间用在最急需、能产生最大效益的地方。

那么面对每天纷繁复杂的事情，我们如何能分清主次、把时间用在最急需、能产生最大效益的地方呢？这里有三个判断标准供你采用：

第一，你必须要做的事是什么。这个标准有两层意思：是否必须去做与是否必须由我来做。有些非做不可的事情，但并非是一定要你亲自做的事情，这样的事情可以委派别人去做，而你只负责督促就可以了。

第二，做什么事能给你最高回报。找出能给你最高回报的事情，然后用80％的时间去做它，而用剩余的20％的时间做其他事情。

这里所说的最高回报的事情，即是符合目标要求的事情或者是自己会比别人干得更好的事情。最高回报的地方，也就是能产生最大价值的地方。这就要求我们必须从正反两方面看待勤奋。勤奋在不同的时代有着不同的内容和要求。过去，人们将"三更灯火五更鸡"的孜孜不倦视为勤奋的标准，但在信息时代，勤奋需要新的定义了，因为快节奏高效率的生活使人常常茫然不知所措。勤奋要找对方向，找对点子，这就是当今时代勤奋的显著特点。

由于现代社会只承认有效率的劳动，因此勤奋已经不再是长时间做某件事的代名词，而是在最短的时间内完成最多的目标。

第三，能给你最大的满足感的是什么。无论你做什么工作，你都应该把时间分配在令你感到满足和快乐的事情上。只有这样，你的工作才会充满情趣，并能让你一直保持工作的热情。

用以上的三个筛子过滤之后，你所要做的事情的轻重缓急就分得很清楚了。然后，你一定要以重要性优先排序（注意：人们往往有不按重要性顺序办事的倾向），按这个原则一直坚持去做，你将会发现，再没有其他办法比按重要性办事更能有效利用时间的了。

"把最重要的事情放在最前面去做"，这不仅仅是时间管理法则的精髓，更是让你在忙碌生活中保持有条不紊的灵丹妙药。

情绪驿站
QINGXUYIZHAN

卡耐基说："我知道我所需要处理的事情很多，但我的精力有限，一次只能处理一件事情，所以我选择先做重要的事情。"工作需要章法，不能眉毛胡子一把抓，要分轻重缓急，这样才能一步一步地把事情做得有节奏、有条理，避免拖延。人容易犯这样的错误：琐碎的小事做了一大堆，等到要做重要的事情时，已经没有时间了。所以要把最重要的事情放在第一位。

不为不实问题的干扰所动

孟子说："富贵不能淫，贫贱不能移，威武不能屈，此之谓大丈夫。"也就是说真正的男人能够不受财富的诱惑，能够在贫穷的时候不动摇，能够在武力面前不屈服，能够坚守自己原则的男人才算是大丈夫。那些稍有风吹草动就转变方向的男人，做什么事情都不会坚持原则，不能操控自己的情绪。

很多人都有对不存在的东西进行情绪反应的坏习惯，这不但会浪费时间，还会引起很多负面的情绪反应，如烦恼、不安与紧张。在武侠小说中，很多高僧都会受到靡靡之音的考验，通过的都会更上一层楼，失败的却会一蹶不振。金庸在他的《射雕英雄传》里塑造了黄药师，黄药师有一个极厉害的武功，叫做碧海潮生曲，一般的武林高手听了都会心生幻象，导致神智错乱。虽然现实生活中的干扰没有武侠小说里写的那么虚幻，但还是会有人受到干扰，分心旁骛，从而不能专心做事，影响工作。

很多人不会对生活中的小刺激做出过分的反应，却会假想出很多莫须有的事情来，引起思绪混乱，其实那些担心根本就是多余的，因为那些假想在现实中就没有发生过。还有些人杞人忧天，总是顾虑天要塌下来了，出门时会猜想到自己可能遇到车祸，明明晴空万里却害怕会发生暴雨，人整天被这些胡思乱想左右着，情绪极不稳定，导致疑神疑鬼，生活和工作都受到极大的影响。

还有些人经常去相信那些谣传，把古人"妖言惑众"的古训都给忘记了。甚至有人极端迷信，发生一件巧合的事情之后，就开始求神拜佛算卦，把自己的命运交给不知道在哪里的神灵决定，很不可理喻。

在工作中，有的人唯恐天下不乱，到处散播什么"要裁员"或各类小道消息，偏偏有人信，有的人虽然不信，却喜欢凑热闹，工作没几天，每个人都变得风言风语，对各类小道消息特别敏感，对自己的工作却提不起兴趣，年轻的男人千万不能变成一个"八婆"。

其实，对于生活中不实问题的干扰，22岁以后的男人完全可以选择"不作为"，任它风吹草动，甚至风言风语翻江倒海都不去理睬，双耳不闻窗外事，专心工作，这样心思就不会旁骛了，精力也能集中到工作上。

为了避免不实问题的干扰，你可以采取下面的方法。

第一，不反应。对于不实问题的过度反应会引起内心的纷乱，心乱如麻了自然难以安心工作。为了避免干扰，你可以不反应。比如可以做这样的训练，把电话放在身边，试着在电话响时安心工作，可能刚开始的时候难以做到，但时间久了，当电话响起时，你就会做到不反应了。

第二，拖延反应。当不实问题出现时，有的人会立即产生过度反应。要做到心静，你就要学会拖延反应，在不实问题出现的时候，你就会没有兴趣，你的反应会滞后，就像一个懒洋洋的人对什么都满不在乎一样，对不实问题不理不睬。

第三，轻松心态。放松的心态有助于培养积极的人生态度，会让人自信，乐观自信的人对不实问题有天生的抗体。不实问题出现的时候，放松的心态能够使人不受影响。

第四，练就火眼金睛。孙悟空的火眼金睛能够识破妖魔鬼怪的真面目，同样，练就我们自己的火眼金睛，就能轻松识破不实问题的伪装。既然知道那是假的，也就不会为其所动了。

其实，很多基于不实问题的困扰都是因为难以识别不实问题的伪装而导致的。能识破其伪装，自然不会被不实问题困扰了。要练就自己的火眼金睛，就要多读多看，勤于思考，增长自己的见识，弥补自己的经验不足。

第五，提高自身修养。修养是一个人为人处世必须具备的品德，比知识更重要。修养是一个人综合素质的体现。有修养的人不会像苍蝇一样专注在垃圾堆里，而是把目光放在有意义的事情上。试问一个有着高尚情操的人会受到不实问题的干扰吗？答案是否定的。不实问题只会困扰那些欠缺修养、没有见识的人。

情绪驿站 QINGXUYIZHAN

蒲雷斯考特·莱基说："不管环境的变换，我们必须维持同样的态度。"毛泽东说："不管风吹浪打，胜似闲庭信步。敌军围困万千重，我自巍然不动。"年轻人就应该有这样的情绪稳定力，不受现实问题干扰的年轻人，才能最终摘得成功的桂冠。

自己的情绪自己掌握，自己的命运自己主宰

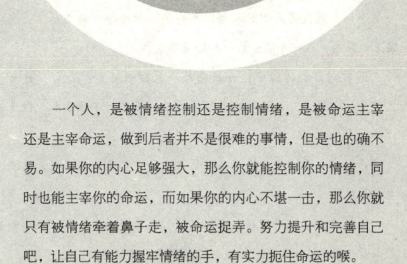

　　一个人，是被情绪控制还是控制情绪，是被命运主宰还是主宰命运，做到后者并不是很难的事情，但是也的确不易。如果你的内心足够强大，那么你就能控制你的情绪，同时也能主宰你的命运，而如果你的内心不堪一击，那么你就只有被情绪牵着鼻子走，被命运捉弄。努力提升和完善自己吧，让自己有能力握牢情绪的手，有实力扼住命运的喉。

将"主宰自己"当作奋进中的能动力

很多事先天注定，那是"命"；但你可以决定怎么面对，那是"运"！只有懂得如何掌握你的"运"，才能改变你的"命"。

有这么一个传说：

亚瑟王被邻国的伏兵抓获，邻国的君主被亚瑟的年轻和乐观所打动，没有杀他。但是，亚瑟要能够回答一个非常难的问题，才可以获得自由。

亚瑟有一年的时间来思考这个问题，如果一年的时间还不能给他答案，亚瑟就会被处死。

这个问题是：女人真正想要的是什么？

这个问题连最有见识的人都困惑难解，何况年轻的亚瑟。亚瑟接受了国王的命题，在一年的最后一天给他答案。

亚瑟回到自己的国家，开始向每个人征求答案：公主，妓女，牧师，智者，宫廷小丑。一年的期限快到了，亚瑟问了许多人，但没有人可以给他一个正确的回答。

最后，有人告诉他，一个老女巫可能知道答案。亚瑟别无选择，只好去找女巫。

女巫答应回答他的问题，但他必须首先接受她的条件：她要和亚瑟王最高贵的圆桌武士之一，他最亲近的朋友加温结婚。

亚瑟王惊骇极了，这个女巫驼背，丑陋不堪，只有一颗牙齿，身上

270

发出臭水沟般难闻的气味，而且经常制造出猥亵的声音。

他从没有见过如此不和谐的怪物，他拒绝了，他不忍心强迫他的朋友娶这样的女人，他不能让自己背上沉重的精神包袱。

加温对亚瑟说："我同意和女巫结婚，没有比拯救亚瑟的生命和捍卫圆桌更重要的事了。"他立即和女巫定了亲。

女巫于是回答了亚瑟的问题：女人真正想要的是主宰自己的命运。

每个人都立即知道了女巫说出了一个伟大的真理，于是，邻国的君主放了亚瑟王，并给了他永远的自由。

来看看加温和女巫的婚礼吧，这是怎样的婚礼呀！亚瑟王在无法解脱的极度痛苦中哭泣，加温却一如既往的谦和，而女巫却在庆典上表现出她最坏的行为：她用手抓东西吃，打嗝、放屁，让所有的人感到恶心，不舒服。

新婚的夜晚来临了，加温依然坚强地面对可怕的夜晚，走进新房。

然而，洞房却是另外一幅景象：一个他从没见过的美丽少女半躺在婚床上！加温惊呆了，问这究竟是怎么回事。

美女回答说：加温，我就是那个女巫。既然你不嫌弃我的丑陋，那么我就应该对你好些。在一天的时间里，一半是我可怕的一面，另一半是我美少女的一面。

那么，加温，你想要我的哪一面呢？

多么残酷的问题呀！加温开始思考他的困境：如果在白天向朋友们展现一个美丽的女人，那么夜晚他自己将面对一个又老又丑如幽灵般的女巫；如果白天拥有一个丑陋的女巫妻子，在晚上自己就可与一个美丽的女人共度良宵。

最后，加温没有做任何选择，只是对他的妻子说，既然女人最想要的是主宰自己的命运，那么就由你自己决定吧。

于是女巫选择白天夜晚都是美丽的女人。

就因为这样，女巫的人生得到了美丽的升华，因为她的命运没有被别人主宰，她扼住了命运的咽喉，将自己从一个丑陋的女巫，变成了一个美貌的女人。

不只是女巫，任何人都是一样，通常我们习惯于自己的命运由别人和外物所控制，因为要主宰自己，需要莫大的勇气。可是我们更要了解到：命运只有被主宰在自己手中才能得到我们真正想要的结果，才能使我们的人生得到升华，才能使生活更加美好。

情绪驿站 QINGXUYIZHAN

歌德说："谁要是游戏人生，他就一事无成；谁不能主宰自己，永远是一个奴隶。"也就是说，一个人，如果他不能或者不知道如何去掌控自己的命运，那么他将永远都被别人支配。尤其是对于一个正在遭遇失败的人而言，如果在他陷入挫折的情绪中时，不能及时调整自己，战胜自己，那么他就不能树立起主宰自己的信心，那么失败就会成为定局。所以，要想自己的命运自己掌握，就一定不要把"主宰自己"这句话当作单纯的口号式的宣言，而应将其当作奋进过程中的心理能动力量，从而改变命运。

以严格自律来防止走下坡路

物理学中有一个现象：受重力影响，斜坡上端的小球，往下滑不费力，且越滑越快；反之，如果要使斜坡下端的小球往上去，则要费去不少力气。"上坡"就是用积蓄能量换取高度；而"下坡"是牺牲高度释放能量。

人生同样遵循"下坡容易上坡难"的定律。比如，要让孩子形成一种良好的习惯，父母要做很多努力，有时甚至一次又一次地监督和强制，也完全不起作用；而一种坏的行为习惯，不用教，孩子可能一下子就会了。

人们常说的"由俭入奢易，由奢入俭难"，也是一样的道理。

人要变好、要成功往往比较困难，但是，要变坏、要失败却是很容易的事情。心理学家把这个心理定律叫做"下坡容易定律"。

这种现象是源于人性中的本能、欲望的低级需求。

人类学家认为：人首先是自然的、动物性的人，然后才是社会性的人。

攻击、破坏、放纵、自私是动物的本能。为了在严酷的生存环境中得以生存、繁衍，动物必须以这些本能去适应。松散、贪心、懒惰、自私自利等坏的行为，恰恰是受人的生存驱动力的影响，是源于动物本能的低级需求，是对欲望的放纵，是自发地表现出来的。

守纪律、讲信用、爱劳动、爱清洁、勤奋进取等优良素质，是属于人的社会属性，需要长期培养才能形成。在培养的过程中，个体需要对自身的动物性本能加以克制和约束。即使形成以后，只要人过于放松警惕，那些源于动物天性的本能也非常容易将它替代。

比如，我们用完东西，一扔便了事，既方便又无须约束，是出自于人的动物本性中的自私和散漫；而将东西整理得井井有条无疑是与人类最原始的本能相违背的，需要有意志力和自控力。所以古人常说："成人不自在，自在不成人。"

当一个人在不懈努力向上攀登的时候，当我们在艰难的环境中力求上进的时候，就是正在"上坡"。如果我们费了很大力气、好不容易攀上了坡顶，然而没有用力站稳，阻止自己下滑，就会使前面的努力都白费。换言之，失败是自然而然的事情，要想取得成功和维持卓越就必须要自律。

所谓自律就是针对自身的情况，以一定的标准和行为规范指导自己的言行，严格要求自己和约束自己。一般而言，自律包括三方面内容：一是自爱，也就是要塑造自己良好的形象，珍惜自己的名誉，珍爱自己的生命；二是自省，通过自省，我们才能发现自身的缺陷和不足，自省是自我完善的前提；三是自控，它能阻止我们一再重复错误的归因倾向和思维行为模式。

对于自律能力的培养，心理学专家们给出了几个小方法。

（1）自省法。曾子说："吾日三省吾身。"就是号召我们经常反省自己，发现自己的缺点并改正。

汉武帝是中国历史上一位杰出的帝王，他驱逐匈奴，使得国家空前强大。然而，由于他一味追求强大，致使对外战争长达30年之久，给人民造成沉重的经济负担，同时也牺牲了无数生命，进而使国家内部各类矛盾开始激化。

这时，桑弘羊上书，请求在西北边陲轮台扩大屯田，以就地解决军粮问题，扩大战争。武帝进行了深刻的自我反省，随后下了一道千古流芳的"轮台罪己诏"，检讨了自己的过失，并宣布停止战争，注意休养生息。

汉武帝此举被后世广为传颂。的确，自省是一种可贵的品质，是我们发现错误的有效方式，是自律的基础。

（2）自警法。自警就是针对自己的实际情况，利用名言、警句、格言等，来提醒自己、警戒自己。卡皮耶夫曾说过："思想和格言可以美化灵魂，正如鲜花可以美化房间一样。"

（3）榜样法。榜样有具体化、形象化目标的作用，以榜样为目标，我们才不容易迷失方向，才能透过不断缩短与榜样之间的距离来进步。当然，榜样必须是积极的、正面的，可以是生活中的某个人，也可以是历史上的某个人物，甚至可以是我们内心希望成为的那个"自己"。

（4）慎独法。慎独是指即使在没有别人在场和监督的情况下，也能够严格要求自己，谨慎地注意自己的思想和行为，才不会因为没有人知道而放松对自己的要求。只有做到了慎独才是真正的自律。

情绪驿站
QINGXUYIZHAN

对于上坡和下坡，我们都有过亲身体会。谁都知道下坡容易，在漫漫人生路中，人们走上下坡路也是很容易的，甚至一旦走上去便会毫不费力地一路下滑。而这样的结局显然不是我们所希望的结局。所以，我们就必须时刻警醒自己，严格要求自己，以自律来避免人生走上下坡路。

第六章　自己的情绪自己掌握，自己的命运自己主宰

275

选择自己最擅长最喜欢的事情做

古希腊戴尔菲城的一座神庙里，镌刻着苏格拉底的一句名言：认识你自己。它是这座神庙里唯一的碑铭，它要求人们在情绪产生的时候，即能感知它的存在，进而有目的地调控它。

然而，认识自己并非易事。我是谁，我从哪里来，又要到哪里去，我为什么要这么做，我为什么不高兴，这些问题从人类诞生开始，人们就不断地问自己，然而至今都没有得出令人满意的结果。即便如此，人类从来没有停止过对自我的追寻。

认识自己，心理学上叫自我知觉，是一个人了解自己的过程。在这个过程中，人更容易受到来自外界信息的暗示，并把他人的言行作为自己行动的参照，从而出现自我知觉的偏差，常常迷失在自我当中。

有这么一个流传很广的故事：

有一个好斗的将军向一位得道高僧询问天堂与地狱的含义。

高僧轻蔑地说："你性格乖戾，行为粗鄙，我没有时间跟这种人论道。"

将军于是恼羞成怒，拔剑大吼："你竟敢对我这般无礼，看我不一剑杀死你。"

高僧缓缓道："这就是地狱。"

将军恍然大悟，心平气和纳剑入鞘，虔诚拜谢高僧的指点。

高僧微笑道："这便是天堂。"

人在陷入某种情绪中时往往并不自知，总是在事情发生之后，经过有意识地反省才会发现，将军的顿悟正说明了这个道理。

一个人的情绪是多种多样的，情绪也是非常主观的体验，人与人之间具有很大的差异性。在天生气质上的差异，如知觉反应不同，对内、外在刺激的敏感程度就不同；有截然不同的过去经验，若曾遭受过强烈的外在伤害，相关的情景就比较容易引发相似的情绪；不同的人会形成自己独特的认知结构，对事件的诠释、评估不同，自然也造成不一样的情绪体验。

了解自我，是世界上最难的事情。在日常生活中，我们既不可能每时每刻去反省自己，也不可能总把自己放在局外人的地位来观察自己。正因为如此，人们往往可以影响和改变他们所了解的东西，当你想要认识自己、积极改变自己的时候，却变得很难。

真正了解自己的个性特点，可以让我们在人生的道路上少走弯路，达到事半功倍的效果。

北京某名牌大学本科毕业生王涛学的是计算机专业，由于王涛在校专业成绩十分突出，很多来校招聘单位都想网罗他。其中有一家国有企业，也有几家外资企业。但是王涛却看不上。他有着自己的目标，那就是他要考某中央机关的公务员，考公务员比考大学还要难很多，但是王涛还是从激烈的竞争中脱颖而出。王涛认为自己终于如愿以偿，兴奋地憧憬着美好的生活，他的亲朋好友也纷纷表示祝贺。

然而，现实却是无情的。满怀希望的王涛开始正式工作以后，才发现他整日都在进行大量的数据统计和整理。没完没了的烦冗工作使得他的工作热情逐渐消退，并且这些东西跟自己大学所学的专业毫无关联，王涛空有一腔大干一番的志气，却苦于没有施展的舞台。

他开始心灰意冷起来，工作也屡屡出错，最终，他因工作上的重大

第六章　自己的情绪自己掌握，自己的命运自己主宰

失误而被辞退。

在选择自己所从事的行业时，我们不仅仅是要分析行业本身的发展前途，更要分析自身的条件是否适合在这个行业发展。能够充分发挥自己才干的工作才是自己最擅长的工作，也是最适合自己的工作。

 情绪驿站
QINGXUYIZHAN

索尔格纳夫说："每一个人不要做他想做的，或者应该做的，而要做他能做得最好的。拿不到元帅杖，就拿枪；没有枪，就拿铁铲。如果拿铁铲拿出的名堂比拿元帅杖要强千百倍，那么拿铁铲又何妨？"能做得最好的就是最擅长的，不选择自己最擅长的工作是愚蠢的，就相当于拿自己的短处和别人竞争，结果必然是失败。所以说，只有充分地认识自己，客观地估量自己，认识自己真正的潜力所在，选择自己最擅长的事情做，才能更好发挥自身的优势。

那就别再把时间浪费在你不擅长或者不喜欢的事情上了，如此除了增加你的苦闷之外别无他用，深入了解一下自己内心的渴求，然后做自己擅长的、喜欢的事情，你就可能创造出属于自己的奇迹。

运用 "WHWW" 法则反思自己的行为

有自知之明，是一种高尚的品德，更是一种高深的智慧。对自己评价得过高，就会自大，无法看到自己的短处；而把自己估计得过低，就会自卑，从而对自己缺乏信心。只有估准了，才算是有自知之明。总有很多人处于一种既自大又自卑的矛盾状态中。一方面，他们自我感觉良好，看不到自己的缺点；另一方面，却又在应该展现自己时畏缩不前。的确，客观而全面地了解自己是一件非常不容易的事情。但是，如果我们不能对自己有一定的了解，又何谈塑造完美的自己呢？

一般来说，一个人对自己的了解程度和自身的社会阅历、经验、个人修养水平等休戚相关。经验阅历越丰富、个人修养水平越高，对自己的了解就越深、越客观。

1994年，著名心理学家日莫曼提出了针对自我监控的 "WHWW" 法则。所谓 "WHWW" 是指 "Why（为什么）、How（怎么样）、What（是什么）、Where（在哪里）"。日莫曼认为，人类的一切活动都可以归结到这四个基本问题上来进行分析，因此，用通过从这四个基本问题对个体活动的诠释来了解自己，会起到立竿见影的作用。

"Why（为什么）" 是用来发觉个体动机的，弄懂了这个问题有利于我们决定是否参与行为活动，它体现了个体的自主愿望。

"How（怎么样）" 是用来考察个体行为所产生的效果的，体现着个人的觉察水平。

"What（是什么）"是用来明确个体的活动方法和策略，是个体计划和设计能力的一种体现。

"Where（在哪里）"是用来让个体了解自身所处的情境的，当然它包括了自然环境和社会环境两方面的内容。对这个问题的解答体现着个体对环境的觉察力，是个体敏锐感官和多智的一种体现。

如果我们能够用这四个角度来分析自己的行为，我们一定能够加深对自己的了解。比如，当我们非常紧张地参加晋升演讲时，我们对于"为什么"的回答——渴望晋升，说明自己是一个有进取心的人；对"怎么样"的回答——由于紧张所以表现欠佳，体现出我们自信心不够、准备不充分；对"是什么"的回答——完全没有策略章法可言，说明我们做事没有计划；而对"在哪里"的回答——台下那么多人，一定有很多人在等着看我的笑话，说明自己是一个极为敏感脆弱的人。这样，我们通过用"WHWW"来反思自己的行为，我们就对自己有了一定的了解。

情绪驿站
QINGXUYIZHAN

一般而言，人们或多或少都在这四个问题上存在着不足和缺陷：在"为什么"问题上存在不足的人大都缺乏成功的动机、没有什么必胜的信念，进取心不强；在"是什么"问题上有缺陷的人没有合理的计划，整天忙忙碌碌，却总是徒劳无功；在"怎么样"问题上有不足的人往往没有目标，终日盲目地得过且过、无所事事；而对"在哪里"问题上不健全的人，往往有自卑或自负的消极心理。

"WHWW"法则，不仅能够让我们及时了解自己的优点和缺陷，而且还能够了解到自己的心理状态及其变化等很多的个人心理情况，是我们了解自己的好工具。

在头脑中装上控制情绪活动的"阀门"

负面的情绪很难用科学字眼来解释，但是每个人都知道这是怎么回事。

罗杰在一家夜总会里做事，收入不多，然而，他总是过着非常快乐的生活。

罗杰很爱车，但是，凭他的收入想买车是不可能的事情，与朋友们在一起的时候，他总是说："要是有一辆车该多好啊！"眼中尽是无限向往之情。

后来有人说："你去买彩票吧，中了大奖就可以买车了！"

于是罗杰买了两块钱的彩票。可能是上天过于垂青他了，朋友们几乎不敢相信，罗杰就凭着两块钱的一张彩票，果真中了大奖。

罗杰终于实现了自己的愿望，他买了一辆车，一有时间就开着车兜风，许多人看见他吹着口哨在林荫道上行驶，车子擦得一尘不染。

一天，罗杰把车泊在楼下，半小时后下楼时，发现车被盗了。

刚开始，罗杰有些遗憾，但更多的是气愤，他恨透那个偷车贼了。他晚上思考了很久，第二天早晨，他又变得很开心了。

几个朋友得到消息，想到他那么爱车如命，这么多钱买的车，眨眼工夫就没了，都担心他受不了，就相约来安慰他。

罗杰正准备去夜总会上班，朋友们说："罗杰，车丢了，你千万不要悲伤啊！"

调控坏情绪，定格好心情

——改变人生命运的心理自助书

罗杰却大笑起来："嘿，我为什么要悲伤啊？"

朋友们互相疑惑地望着。

"如果你们谁不小心丢了两块钱，会悲伤吗？"罗杰说。

"那当然不会！"有人说。

"是啊，我丢的就是两块钱啊！"罗杰笑道。

是的，不要为两元钱而悲伤。罗杰之所以过得快乐，就因为他能够驾驭生活中的负面情绪。

负面情绪会成为前进道路上的桎梏，如果对负面情绪采取放任自流的态度，就会很容易影响生活。

几年前，东京电话公司处理了一次事件。一个气势汹汹的客户对接线生口吐恶言，他怒火中烧，威胁要把电话连线拔起。他拒绝缴付那些费用，说那些费用是无中生有。

他写信给报社，并到公共服务委员会做了无数次申诉，也告了电话公司好几状。最后，电话公司派一个最干练的调解员去会见他。

调解员来到客户家里，道明来意。愤怒的用户痛快地把他的不满发泄出来，调解员静静地听着，不断地说"是的"，同情他的不满。这次见面花了6个小时。

调解员与愤怒的客户就这样会了4次面，到最后，客户变得友善起来了。

调解员说："在第一次见面的时候，我甚至没有提出我去找他的原因。第二、第三次也没有。但是第四次我把这件事完全解决了。他把所有的账单都付了，而且撤销了那份申诉。"

事实上，那个用户所要的是一种重要人物的感觉。他先以口出恶言和发牢骚的方式取得这种感受。但当他从一位电话公司的代表那儿得到了重要人物的感觉后，无中生有的牢骚就化为乌有了。

这个聪明的调解员就这样轻易地驾驭了负面情绪，把负面情绪转化

282

成了一种成功的动力。

保持健康的情绪状态，还需要在头脑中装上一个控制情绪活动的"阀门"，让情绪活动听从理智和意志的节制，而绝对不能任其自流。

凡是理智和意志能有效地节制情绪的人，也就能基本保持情绪的平静和稳定，这是他取得成功的关键。

驾驭自己的负面情绪，努力发掘、利用每一种情绪的积极因素，是一个人成功的基本保证。

许多不善于利用自己情感智力的人，面对负面情绪侵扰的时候，总感到无所适从，心灵任其啃噬。

不少人特别在意别人对自己的感觉，诸如，自己穿了件时装，别人会怎样评价；自己的某个动作，别人会如何看待；甚至不小心说了一句什么话，也会后悔不迭，总担心别人会因此对自己有看法。生活在别人的眼光中，是非常累的，无疑会对自己的情绪有负面影响。

莫娜在某届运动会上被公认为夺冠人选，她进场时引起了大家的欢呼，她也很高兴地对大家挥手致意。

不料，这时的她被台阶绊了一下，摔倒了。

面对如此多的观众，莫娜感到十分没面子，心里升腾起一种羞愧的感觉，直到进入比赛，她还没有从羞愧的情绪里走出来。结果，她没有发挥出自己的水平，比赛成绩远远落在了其他队员的后面。

其实，一些小事根本就不值得一提，别人根本没有在意或早已忘却，只有你还记在心里耿耿于怀，这就是人们无法战胜自己的体现。人们总是努力地想去扮演一个完美主义者的形象，然而这似乎太苛刻了，只会加重你情绪的负面影响，给自己的心理造成障碍。

情绪驿站
QINGXUYIZHAN

　　学会控制自己的负面情绪对于每个人而言都是相当重要的，它是我们成功的前提，更是我们身心健康的保证。做自己情绪的主人，不仅让你重新获得主导权，而且你会发现所有的难题你都能够轻松驾驭了！

根据自己的特长来提升自己

柏拉图曾指出："人类具有天生的智慧，人类可以掌握的知识是无限的。"人类有90％～95％的潜能都没有得到很好的利用和开发，我们每个人都有巨大的潜能等待发掘。

所谓"潜能"通常是指一个人身体、心智等方面存在的发展可能性。根据人的生长规律，由于在生命成长的各个阶段以及遗传基因的不同，每个人都具有各种潜能。潜能开发的本质是把你天生的潜能循循诱导出来，激活你已拥有的知识和掌握新知识的能力。

人的潜能是十分巨大的，我们能做的比我们想到的要多得多。所以在自我发展方面，"你想什么，什么就是你！"加拿大病态心理学家汉斯·塞耶尔在《梦中的发现》一书里，做出一个十分惊人也极其迷人的估计：人的大脑所包容的智力的能量，犹如原子核的物理能量一样巨大。从理论上说，人的创造潜力是无限的、不可穷尽的。

要释放人的潜能，就需要进行潜能激发，让人进入能量激活状态。如果一个组织中所有成员的能量都处于激活状态，那么它可以带来核聚变效应。

潜能激发的前提是相信所有人都具有巨大的潜能，而且这些潜能还没有被释放出来。虽然人们可以通过自我激励来开发潜能，但更为可靠、更为适用的方法却是通过外因的激发带来能量的释放。因为自我激励需要坚强的意志力，而外因的激活则是人的一种本能的反应，而且它的激发本身带有一种竞技游戏的效果。

一般来说，人们更倾向于喜欢自己有独特天赋的事业，做自己有天赋的事情会让你有充足的激情去获得成功。

卡斯帕罗夫15岁获得国际象棋的世界冠军，单用刻苦或方法得当很难解释这一点。大多数人在某些特定的方面都有着特殊的天赋和良好的素质，即使是看起来很笨的人，在某些特定的方面也可能有杰出的才能。

凡·高各方面都很平庸，但在绘画方面却是个天才；爱因斯坦当不了一个好学生，却可以提出相对论；柯南·道尔作为医生并不出名，写小说却名扬天下……

每个人都有自己的特长和天赋，从事与自己特长相关的工作，就能很轻易地取得成功，否则，多少会埋没自己。

汤姆逊由于"那双笨拙的手"，在处理实验工具方面感到非常烦恼。后来他偏向于理论物理的研究，较少涉及实验物理，并且找了一位在实验物理方面有着特殊能力的助手，从而避开了自己的弱项，发挥了自己的特长。

阿西莫夫是一个科普作家，同时也是一个自然科学家。一天上午，他在打字机前打字的时候，突然意识到："我不能成为一个第一流的科学家，却能够成为一个第一流的科普作家。"于是，他几乎把全部的精力放在科普创作上，终于成了当代世界最著名的科普作家。

伦琴原来学的是工程科学，在老师孔特的影响下，他做了一些有趣的物理实验。这些实验使他逐渐体会到，物理才是最适合自己的事业，后来他果然成了一名卓有成就的物理学家。

遗传学家的研究成果表明：人的正常的、中等的智力由一对基因所决定；另外还有五对次要的修饰基因，它们决定着人的特殊天赋，有降低智力或升高智力的作用。

情绪驿站
QINGXUYIZHAN

　　一般来说，人的这五对次要基因总有一两对是"好"的。也就是说，一般人在某些特定的方面可能有良好的天赋与素质。所以，不要埋怨现实的环境，不要坐等机会。每一个人都应该根据自己的特长来设计自己，根据自己的条件、才能、素质和兴趣来确定进攻方向。

背着情绪包袱等于放弃现在和未来

一个发条上得十足的表不会走得很久，一辆速度经常达到极限的车往往会坏，一根绷得过紧的琴弦往往容易断，一个心情烦躁、紧张、郁闷的人容易生病。

世界著名航海家托马斯·库克船长，曾经在他的日记里记录了一次令他百思不得其解的奇遇。

当时，他正率领船队航行到大西洋上，浩瀚无垠的海面上空出现了庞大的鸟群。数以万计的海鸟在天空中久久地盘旋，并不断发出震耳欲聋的鸣叫。

更奇怪的是，许多鸟在耗尽了全部体力后，义无反顾地投入茫茫大海，海面上不断激起阵阵水花……

事实上，库克船长并非是这一悲壮场面的唯一见证者。在他之前，很多经常在那个海域捕鱼的渔民被同样的景象所震慑。

鸟类学家们对这种现象十分奇怪，在长期的研究中他们发现，来自不同方向的候鸟，会在大西洋中的这一地点会合，但他们一直没有搞清楚，那些鸟儿为何会一只接一只心甘情愿地投身大海。

这个谜团终于在上个世纪中期被解开了。

原来，海鸟们葬身的地方，很久以前曾经是个小岛。对于来自世界各地的候鸟们来说，这个小岛是它们迁徙途中的一个落脚点，一个在浩瀚大海中不可缺少的"安全岛"，一个在它们极度疲倦的时候，可以栖息身心的地方。

然而，在一次地震中，这个无名的小岛沉入大海，永远地消失了。

迁徙途中的候鸟们，依然一如既往地飞到这里，希望在这里能够稍作休整，摆脱长途跋涉带来的满身疲惫，积蓄一下力量开始新的征程。

但是，在茫茫的大海上，它们却再也无法找到它们寄予希望的那个小岛了。早已筋疲力尽的鸟儿们，只能无奈地在"安全岛"上空盘旋、鸣叫，盼望着奇迹的出现。

当它们终于失望的时候，全身最后的一点力气也已经耗费殆尽，只能将自己的身躯化为汪洋大海中的点点白浪，营造出一个个瞬息即逝的"小岛"。

同样，在紧张忙碌的生活中，在人生漫长的"迁徙"旅途中，每个人都有身心疲惫的时候，每个人都需要一个憩息身心的地方。适当的时候你是否让自己的心灵稍作放松？是否拥有一个可让自己喘上一口气、稍作休整的"小岛"？

给心灵松松绑，不要像那些海鸟，等到自己筋疲力尽的时候，只会一头栽进大海。

明智的人懂得放松自己，懂得调适自己的心灵，以一种愉快的心态投入生活和工作中。当然，获得心灵平静的首要方法，便是洗涤你的心灵，这一点是不可忽视的。

如果你想让心灵减负，每一天，你必须尽力去清除困扰你心灵的情绪渣滓，不使它们控制你的心灵。

相信你以往也有过这样的经验，当你把所有烦恼的事情，全都向你要好的朋友倾诉时，你会感到心里舒畅无比。

有一位心理学家曾在一艘开往檀香山的轮船上，做一次心理改造实验。他建议一些心烦气躁的人到船尾去，设想已把所有烦恼的事情全都丢进海中，并且想象自己的烦恼事正淹没在白浪滔滔的海里。

后来，有一位乘客来告诉他说："我照着你所建议的方法做后，我发觉我的心里真是舒畅无比。我打算以后每天晚上都要到船尾去，然后把我烦恼的事一件一件地往下丢，直到我全身不再有烦恼为止。"

这件事正好契合了一句话：过去的事情，就让它过去。

英国前首相劳合·乔治有一个习惯——随手关上身后的门。

有一天，乔治和朋友在院子里散步，他们每经过一扇门，乔治总是随手把门关上。

"你有必要把这些门都关上吗？"朋友很是纳闷。

"哦，当然有这个必要。"乔治微笑着对朋友说，"我这一生都在关我身后的门。你知道，这是必须做的事。当你关门时，也将过去的一切留在后面，不管是美好的成就，还是让人懊恼的失误，然后，你才可以重新开始。"

从昨天的风雨里走过来，人身上难免沾染一些尘土和霉气，心头多少留下一些消极的情绪，这是不能完全抹掉的。但如果总是背着沉重的情绪包袱，不断地焦躁、愤懑、后悔，只会白白耗费眼前的大好时光，那也就等于放弃了现在和未来。

 情绪驿站
QINGXUYIZHAN

要想成为一个快乐成功的人，最重要的一点，就是记得随手关上身后的门，学会将过去的不快通通忘记，重新开始，振作精神，不使消极的情绪成为明天的包袱。

正如一位名人所说："心灵有时应该得到消遣，这样才能更好地回到思想与其本身。"为了让自己的身心找回久违的宁静，就别把自己的神经之弦绷得太紧，适时地为自己的心灵放假，才是对自己最好的犒劳。

走到镜子面前去寻找拯救自己的人

中国有句古话："恃人不如自恃也。"简单一点就是"天助自助者"！

在生活中，我们都难免会遇到各种各样的困难，很多人在遇到困难时，首先想到的就是求助于别人，但却忘记了自己。

其实，更多的时候我们应该从自己身上找出路，自己多想办法才是正确的。自己身上有很多可开发的潜力，为什么不去自己主宰命运，却要去乞求别人的怜悯和帮助呢？

有一天，一大早卡耐基的秘书就走进办公室说，有一个流浪汉急着要见他。起初卡耐基只想给他一点钱，让他买一份三明治和一杯咖啡，不想耽误时间，但后来还是让他进来了。他大概有一个星期没刮过胡子，衣服皱成一团，好像是从破布堆里捡到的。

"看到我的外表这么惊讶，我并不怪你，"他说，"但是你恐怕完全误会了。我不是来向你要钱，我是来请你帮忙救我的命。

"一年前我和妻子感情破裂，离婚之后，所有的事情都不顺心。我的事业垮了，现在正是贫病交迫。

"在我准备跳河自杀，一了百了的时候，被一位警察拦住了。他给我两条路，来找你或是去坐牢，让我自己选择。他在外面等着，看我是否言而有信。"

从那个人说话的语气和措辞，很清楚地看得出来，他受过相当高的教育。卡耐基问了几个问题，知道他曾经是芝加哥一家知名餐馆的老板。卡耐基记得看过一则新闻，那家餐馆在几个月前被拍卖掉了。

卡耐基请秘书帮他准备一份早餐，因为他已经两天没有吃东西了。这时他继续说完他的故事。走到今天这个地步，他只怪自己，完全没有责怪任何人。这是一个有利的讯号，也是一个线索，卡耐基知道要如何帮助他了。等他吃完早餐，卡耐基说了以下的话。

"我非常仔细地听完你的故事，也深受感动。我尤其感动的是，你没有找任何借口推卸责任。离婚的事，你也没有怪你的前妻，言谈之间，对她仍然非常尊重。"此时，那个人已经恢复元气。卡耐基要开始提出自己的建议了："你来找我帮忙，但是很抱歉，我没有任何办法可以帮助你。"

"不过，"卡耐基又说，"我知道有一个人可以帮助你，如果你愿意的话。这个人现在就在这个屋子里，我来替你介绍。"卡耐基扶他站起来，带他到隔壁的私人书房，让他站在落地的布帘前面。卡耐基把布帘拉开，他从落地的穿衣镜里面看到了自己。卡耐基指着镜中的人说："这一个人可以帮助你。只有他能够帮助你，让你脱离目前不幸的窘境。"

他趋前仔细地看着镜中的自己，擦擦满是胡须的脸，然后转过身来对卡耐基说："我明白你的意思。感谢你没有对我滥施同情。"

然后，他欠身离去，几乎有两年的时间，没有听到他的消息。有一天他又走了进来。和上次判若两人，卡耐基根本认不出来。他说，后来他找到工作，在一家类似自己以前开的餐馆担任领班。在那里无意间遇到一位以前的朋友，听了他的故事之后，借给他一笔钱，买下了那家餐馆。

现在他拥有芝加哥数一数二的餐馆，生活十分富裕。但是他更大的财富，是能够发挥意志的力量，运用内心的无穷的智慧。

没错，能够帮助你的那个人正是你自己，也许你的生活中会出现许多能够帮助你的贵人，可是这些帮助都只是表面的，真正解决问题的那个人始终都是你自己。况且任何人生命中的那些贵人也都是通过自己的努力得来的。所以，面对人生的挫折和低谷，与其千方百计地去祈求别人的帮助，不如走到镜子面前去找一找，镜子里的那个人才是你真正的贵人。

从前，有一头驴不小心掉到了一口枯井里，它在井里不断地发出悲哀的声音，期待主人能够尽快地把它从井里解救出来。此时驴子的主人也焦急万分，他把邻居都召集到一起出谋划策，可是最终也没有想出一个两全其美的办法。最后大家劝慰主人："反正这头驴子已经很老了，即便是把它救上来又能为你干什么呢？况且就这样活生生地看它在里面受罪，我们都于心不忍，干脆还是把它埋了吧。"主人听后，虽然内心有万般的不舍，但是事情已经到了这个地步，也只有忍痛割爱了。

于是，大家拿起铲子开始往井里填土。当第一铲泥土落到井里之后，驴子的叫声更恐怖了，它好像已经明白了人们的意图，也意识到了自己的结局，众人也忍不住连连叹息。

第二铲、第三铲……泥土不断地落到井中，大家本以为驴子也会不断地哀怜求救，可是出人意料的是驴子居然意外地安静了下来。人们不禁低头向井里看，而井中的一幕让所有的人都惊呆了。他们发现，当此后的每一铲泥土倒在驴子的背上的时候，它不是毫无反抗，而是慢慢将身上的泥土抖落掉，然后再踩在自己的脚下，就这样，人们不断地往井里填土，驴子也就不断地抖落身上的泥土，它自己所站的位置越来越高，直到上升到了井口。

在人们惊讶而兴奋的目光中，驴子好像是一个胜利者一样，从容地走出井口，主人也异常激动地将自己的驴子牵回了家。

假如，你现在身处一口枯井之中，而你奋力的求救声唤来的却是埋葬你的泥土，那么，你是否从驴子身上得到了走出困境的秘诀？不错，面对对自己极为不利的形势，不要灰心丧气，要把埋葬自己的泥土转变为解救自己的出路，也就是说要善于将不利的因素转变为有利因素，这样你就会脱离困境走向光明。而当你走出困境之后你就会发现：原来走出困住自己的"枯井"也是如此简单。也只有靠自己的努力从困境中走出来，你才会更加从容地面对下一次挑战。

情绪驿站 QINGXUYIZHAN

每个人在人生的旅途中都会遇到坎坷，然而有些人在遇到困难之后，常常期待他人的援助来获得解救，假如一旦从别人身上看不到希望，自己也就会陷入困境而无法自拔。所以在我们陷入困境的时候，不要持有等待他人援助的心理，而是要学会自己拯救自己，也只有这样才能尽快看到希望的曙光。如果仅靠依赖他人而消极等待，最终只能使自己陷入更危险的境地，要相信自救会让自己的价值得到更大程度地实现。所谓"求人不如求己"，没有人能够主宰你的命运，因为命运掌握在你自己的手中，依靠自己才是最明智的选择。

鼓起勇气向自己宣战

自己打败自己是最可悲的失败，自己战胜自己是最可贵的胜利。

尼克是一家铁路公司的调度人员，他工作认真，做事负责。不过他有一个缺点，就是缺乏自信，对人生很悲观，常以否定、怀疑的眼光去看世界。

有一天，公司的职员都赶着去给老板过生日，大家都提早急急忙忙地走了。不巧的是，尼克不小心被关在一个待修的冷藏车里。恐惧之下，尼克在车厢里拼命地敲打着、喊着，但全公司的人都走了，根本没有人听得到。尼克的手掌敲得红肿，喉咙叫得沙哑，也没有人理睬，最后只好颓然地坐在地上喘息。他越想越害怕，心想：车厢里的温度只有零度，如果再不出去的话，一定会被冻死。

第二天早上，公司的职员陆续来上班。他们打开车厢门，赫然发现尼克倒在地上。他们将尼克送去急救，但已经无法挽救他的生命了。但是大家都很惊讶，因为冷藏车里的冷冻开关并没有启动，这巨大的车厢内也有足够的氧气，更令人纳闷的是，里面的温度一直是十几度，但尼克竟然给"冻"死了！

尼克并非死于车厢内的"零度"，他是死于心中的冰点。他已给自己判了死刑，又怎么能活得下去呢？

还有发生在非洲的一个真实的故事。

6名矿工在很深的井下采煤。突然，矿井坍塌，出口被堵住，矿工们顿时与外界隔绝。

大家你看看我，我看看你，一言不发。他们谁都能看出自己所处的状况。凭借经验，他们意识到自己面临的最大问题是缺乏氧气，如果应对得当，井下的空气还能维持3个多小时，最多3个半小时。

外面的人一定已经知道他们被困了，但发生这么严重的坍塌就意味着必须重新打眼钻井才能找到他们。在空气用完之前他们能获救吗？这些有经验的矿工决定尽一切努力节省氧气。他们说好了要尽量减少体力消耗，关掉随身携带的照明灯，全部平躺在地上。

在大家都默不作声，四周一片漆黑的情况下，很难估算时间，而且他们当中只有一人有手表。

所有的人都向这个人提问题：过了多长时间了？还有多长时间？现在几点了？

时间被拉长了，在他们看来，2分钟的时间就像1个小时一样，每听到一次回答，他们就感到更加绝望。

他们当中的负责人发现，如果再这样焦虑下去，他们的呼吸会更急促，这样会要了他们的命的。所以，他要求由戴表的人来掌握时间，每半小时通报一次，其他人一律不许再提问。

大家遵守了命令。当第一个半小时过去的时候，这人就说："过了半小时了。"大家都喃喃低语着，空气中弥漫着一股愁云惨雾。

戴表的人发现，随着时间慢慢过去，通知大家最后期限的临近也越来越艰难。于是他擅自决定不让大家死得那么痛苦，他在告诉大家第二个半小时到来的时候，其实已经过了45分钟。谁也没有注意到有什么问题。因为大家都相信他。在第一次说谎成功后，第三次通报时间就延长到了一个小时以后。他说："又是半个小时过去了。"另外5人各自都在心里计算着自己还有多少时间。

表针继续走着，每过半小时大家都收到一次时间通报。外面的人加快了营救工作，他们知道被困矿工所处的位置，他们很难在4个小时之内救出他们。

4个半小时到了，最可能发生的情况是找到6名矿工的尸体。但他们发现其中5人还活着，只有一个人窒息而死，他就是那个戴表的人。

在很多时候，打败你的，不是外在环境，而是你的心。上面两个故事中无论是"冻"死还是窒息而死的人，他们都是被自己打败的，在危机面前，他们没有战胜自己而是被自己打败，结果自然是可悲的。

情绪驿站 QINGXUYIZHAN

对于一个人而言，无论外力多么强大，都不能奈何一颗坚强的心。很多人之所以失败了，不是外力势不可当，而是自己的心防先崩溃了。所谓"祸起萧墙"便是这个道理。被自己给打败，别人再多的帮助都是徒劳。所以，能救我们的只有我们自己。战胜自己是世界上最困难的事情，可是如果我们不想在心灵的交战中窒息而死，我们就必须鼓起十二万分的勇气向自己宣战，去打一个漂亮的翻身仗！

台上台下都自在

生活中，每个人都扮演着不同的角色，在自己的世界里，你是主角，在别人的世界里也许只是龙套。但是，不管是主角还是龙套，这都是你的角色，都需要你去认真对待，扮演好每一个角色是你的责任，也是对自己的生命负责。主角配角都能演，台上台下都自在，是面对现实人生的最佳表现。

罗艾先生工作非常努力，人也很有才干，大家都知道他很想升为部长，同时也都认为他有当部长的能力。

公司董事会也对他的成绩很认可，就真的提升他做了部长。这样，他工作更努力了。看他每天办公、开会，忙进忙出，兴奋中难掩骄傲的神色，大家都替他高兴，也祝他更上一层楼。可是过了一年，公司人事变动，罗艾先生下台了，被调到别的部门当专员。得知消息的那天，他关上办公室的门，一整天没有出来。当了专员后，大概难忍失去舞台的落寞，他日渐消沉，后来变成一个愤世嫉俗者，再也没有升过官……

事实上，在人生的舞台上，上台下台本来就很平常。如果你的条件适合当时的需要，当机缘一来，你就上台了，如果你演得好演得妙，你可以在台上久一点，如果唱走了音，演走了调，老板不让你下台，观众也会把你轰下台；或是你演的戏码已不合潮流，或是老板根本是要让新的人上台，于是你就下台了。这种情形政治界最为明显，当部长多风光，可是说下台就下台！

上台当然自在，可是下台呢？难免神伤，这是人之常情，可是我认为还是要上台下台都自在。所谓自在指的是心情，能放宽心最好，不能放宽心也不要把这种心情流露出来，免得让人以为你受不住打击。你要平心静气，做你该做的事，并且想办法精练你的演技，随时准备再度上台——不管是原来的舞台或别的舞台——只要不放弃，就会有机会！

另外还有一种情形也很令人难堪，就是由主角变成配角。如果你看看电影、电视的男女主角受到欢迎、崇拜的情况，你就可以了解到由主角变成配角的那种难过。

就像人一生免不了上台下台一样，由主角变成配角也一样难以避免——下台没人看到也就罢了，偏偏还要在台上演给别人看！

由主角变成配角也有好几种情形，第一种是去当别的主角的配角，第二种情形是与配角对调。

这两种以第二种最令人难以释怀。

真正演戏的人可以拒绝当配角，甚至可以从此退出那个圈子，可是在人生的舞台上，要退出并不容易，因为你需要生活，这是现实啊！

所以，由主角变成配角的时候不必悲叹时运不济，也不必怀疑有人在暗中搞鬼。你要做的只是平心静气，好好扮演你配角的角色，向别人证明你主角配角都能演！这一点很重要，因为如果你连配角都演不好，那么怎么让人相信你还能演主角呢？如果自暴自弃，到最后就算不下台，也必将沦落到跑龙套的角色，人到如此就很悲哀了。如果能扮演好配角，一样会获得掌声，如果你仍然有主角的架势，自然会有再度独挑大梁的一天！

有一个女子，出身于一个平常的家庭，做一份平常的工作，嫁了一个平常的丈夫，总之，她的一切都十分平常。突然有一天，她被一个导演看中，让她饰演一部戏中的王妃，从此开始了"王妃"生涯。

演戏对她来说太艰难了，她阅读了许多有关"王妃"的书，细心揣摩"王妃"的心思，重复"王妃"的一颦一笑、一言一行……

最后，她终于能够驾轻就熟地扮演"王妃"了，进入角色已无须多少时间。然而，糟糕的是，现在她想要恢复到那个平常的自己却非常艰难。无论戏里戏外，她都流露出"王妃"的姿态，甚至在家里对待丈夫和孩子也是如此。每天早上醒来，她必须一再提醒自己"我是谁"，以防止毫无来由地对人"摆气势"；在与善良的丈夫和活泼的女儿相处时，她必须一再告诫自己"我是谁"，以避免莫名其妙地对他们喜怒无常。

只能演主角，而不能演生活中的配角的尴尬让她无法找到自己。

总而言之，人生的际遇是变化多端、难以预料的，起伏难免，有时逃都逃不掉，碰到这种时候，就应有上台下台都自在、主角配角都能演的心情，这是面对人生一种能屈能伸的弹性，而你的这种弹性，不但会为你的人生找到安顿，也会为你寻得再放光芒的机会！

 情绪驿站 QINGXUYIZHAN

人生就是一个大舞台，你是谁？你在扮演什么样的角色？这样的问题如果你答不上来，那就要好好审视一下你的人生。人生如戏，戏如人生，倘若你扮演的是别人，那么落幕后你可能也找不回自己，而倘若你扮演好了你自己，你就会活得真实，活得清晰。所以，在上台之前，请先问问自己想要成为什么样的人，然后再去做必须做的事。

做对的事情比把事情做对更关键

　　每个人都听说过很多和成功者有关的故事，从中我们不难发现，他们的共同之处就是，把工作当成一种享受，并擅长从中找出奋斗的乐趣。

　　有一个青年的父亲是律师，所以他也为了考取律师执照夜以继日地读书，但是考了几次，仍然没有通过，他非常苦恼。实际上，该青年并不喜欢当律师，每次学习时都心不在焉。

　　他喜欢从事富有创意性的工作，因此他接受了别人给予他的建议："试着转换人生的方向。"

　　后来，这个青年以美化景色建筑师的身份进入了一家建造庭园的公司，不到一年的时间，他的设计就在比赛中得奖了。

　　现在他已得到该公司的重用，事业蒸蒸日上。

　　这个故事中的青年选择自己感兴趣的工作而改行，确实是非常正确的选择。为了成功，最直截了当的方法就是从事自己喜欢的职业。实际上，凡是因工作而生出烦恼的人，有很多情况是心不甘情不愿地做着工作，因此无法产生干劲，也不会心存感激，自然也就不可能尽职尽责。

　　有很多刚刚参加工作的年轻人整天无精打采，毫无工作与生活的乐趣可言，他们怨叹工作的烦躁和人生的无聊。为什么他们会这样悲观呢？主要是因为他们正做着自己不感兴趣的事。

　　我们常常会看到这样的情况，有些人有不错的学识，但是因为所从事的职业与他们的才能不相配，久而久之竟使原有的工作能力都失掉了。由此可见，一种不称心的职业最容易糟蹋人的精神，使人无法发挥自己的才能。

任何职业只要与你的志趣相投合，你就不会陷于失败的境地。你一旦选择了真正感兴趣的职业，工作起来就会特别卖力，总能精力充沛、神采奕奕，且能愉快地胜任，而绝不会无精打采、垂头丧气。

同时，一种合适的职业还会在各方面发挥你的才能，并使你迅速地进步。

生活中的一些人对成功者的经历感慨万分，他们觉得那才是真正的快乐；另一些人由于自己获得了成功，也说当初艰辛的历程是一种快乐。人类在认识客观世界时，本身就具有很强的主观性，正是这种主观性才让我们意识到什么是快乐。我们不仅要改造客观世界，更要改造自己的主观世界！因为，种种迹象表明，主观世界才是快乐的源头。

所以，我们只做自己想做或爱做的事情，从喜欢的事情中学习生活和工作的乐趣。

😊 情绪驿站 QINGXUYIZHAN

对于自己感兴趣的事，我们一般十分了解，哪怕是那些没必要记住的知识，也会记忆深刻。与此同时，如果仅仅是为了增长知识而强行记忆，不仅没有快乐可言，记忆的效果也不好，至于对这个领域的知识产生兴趣就更谈不上了。

同理可知，对于自己喜欢的东西，了解得越多，兴趣也就越浓；兴趣越浓，了解得也越深。人和人之间正是由于存在着某些不为人知的秘密，才激发了对方浓厚的兴趣。不管是在商业领域还是学习领域，了解越深，就越容易产生兴趣，并从中获得更多快乐。

但是，对于那些长期以来喜欢发牢骚，说辛苦、讨厌、没劲的人来说，他们已经养成了抱怨的习惯，因此不可能在短时间内突然发生变化，变得善于获得快乐。

在同样的环境中，有的人觉得无聊，有的人感到快乐，这说明他们具有的能力不同。由此可见，如果我们能够逐步培养自身的这种快乐能力，人生一定会变得更加精彩！要记住："做对的事情比把事情做对更关键。"

千万别总和自己过不去

"别和自己过不去"，这是我们在劝慰遇到烦心事、伤心事的亲友、同事时说得最多的一句话。我们经常这样说，但是当自己遇到事情的时候，却往往还是和自己过不去。人总是很容易原谅自己，不过，这只是表面上的饶恕而已——如果不这么自我安慰的话，如何去面对他人？但在深层的思维里，一定会反复地自责："为什么我会那么傻？当时要是细心一点就好了。"或是："我真笨，这种低级的错怎么会发生？"想想自己有没有犯过严重的错误，如果能想出来，那你一定还对它耿耿于怀，并未真正忘掉它。

别和自己过不去，说到底，是一种心态。如果我们都学会了调整自己的心态，相信谁都不想和自己过不去。仔细观察周围就会发现，在我们平静的生活中，大多数人都是亲切的、富有爱心的，也是宽容的。如果你犯了错，而且真诚地希望得到他人宽恕时，绝大多数人不但会原谅你，而且会把你的过错忘得一干二净，使你再次面对他们时一点愧疚感也没有。

可惜的是，我们这种亲切的态度对所有人都一样，唯独对一个人例外，那就是我们自己。

美国权威心理学家——认知心理学创始人艾伯特·埃利斯指出：人的一生中总会犯很多错误，如果对每一件事都深深地自责，一辈子都背着愧疚生活，就不能走得太远。犯错对任何人而言，都不是一件愉快的事情。一个人遭受打击的时候，难免会格外消沉。人生中似乎困扰太多，快乐太少。

你是否觉得人生本应一帆风顺，那些降临在自己身上的挫折与困难都该统统消失，否则便要怨天尤人？你是否认为众人应该友好、平等地待你，你所追求的心仪对象应该接受你，否则便会感觉沮丧或是焦虑？你是否要求自己尽善尽美地完成工作，一旦稍有失误就会自我否定或是自我谴责？上述种种不快其实都源于你自己，事实上是你在困扰自己。

每个人都可以正视这种错误的存在，在错误中学习，以确保未来不会发生同样的憾事。有效地控制自己的情绪和行为，将自己以往所产生的消极感受转变成为积极的向往和良好愿望，并且在这种转变过程中使自己重新获得生活的快乐与坦然。别犹豫，现在就开始行动，找回属于你的快乐生活，别和自己过不去！不和自己过不去，就是超越了自己，不和自己过不去，就是战胜了自己。

人在遭受打击的时候，会觉得自己就像失败的拳击手，被重重地一拳击倒在地，头晕目眩，耳畔都是嘲笑声，心里满是失败的酸楚。在那时候，你会觉得不想，而且也没有力气爬起来了！可是，你会爬起来的。不管是在裁判数到十之前，还是之后。而且，你还会慢慢恢复体力，平复创伤，你的眼睛还会再度张开，看见光明。你会淡忘掉观众的嘲笑和失败的耻辱，为自己找一条合适的路，再做挨拳头的拳击手。

情绪驿站
QINGXUYIZHAN

失败了，我们会和自己过不去；失恋了，我们会和自己过不去；落选了，我们会和自己过不去；受骗了，我们会和自己过不去……别和自己过不去，因为我们已经活得很累、很压抑！别和自己过不去，因为我们已经伤得很痛、很无辜！

　　不要把生命浪费在烦心事和伤心事上，放下自己的过失，千万别总和自己过不去。不跟自己过不去，是一种精神的解脱，它会促使我们从容走自己选择的路，做自己喜欢的事。

每一个人的生命体验都是独一无二的

模仿是上帝赋予我们的秉性，也是我们的能力之一。在学习、工作之初，特别是从事艺术职业的人，在从业之初，模仿是可以的，甚至是必要的。但是，造物生你，是让你成为真正的自己。千差万别、各具特色面孔的本身，就说明上帝是以多样性来塑造这个世界的。任何雷同，都会使其中的一方失去其存在的意义。所以，你可以模仿别人，但千万不要让自己成为别人，你就是你自己，你一定要找到你自己的独特之处，造就自己、显示自己。

如果一个人想要成为别人，那么，他就会生活在别人的影子里，看不到独立的自己，那他就永远也不可能找到自信。

自然界到处充满多样性，而人类自身更是千差万别。前英国科学促进协会主席、古人类专家亚瑟·凯斯爵士说："没有任何人曾经或即将与另一个人度过完全相同的人生旅程……每一个人的生命体验都是独一无二的。"

不错，每一个人的生命体验都是独一无二的，即使我们的本质都由相同的材料组成。

要获得成熟的智慧就必须认识并理解这个事实，这是一座跟我们的同胞沟通的桥梁。在我们尊重对方是个"个体"，一如我们知道自己是个"个体"之前，我们无法跟他沟通或建立任何有意义的关系。

这话听起来似乎很容易，事实上是一天比一天难。我们已经被分类，然后被归纳于某一个群体中。在生活中，我们的方方面面都在受调查，社会调查员对我们再熟悉不过：我们喝几杯咖啡，多少人拥有汽车及什么牌子的车，听什么广播或看什么电视，过得怎么样等等。

大家都在强调"调整适应"、"群体整合"和"社会机动性"，削弱自己的个性以顺应所属群体可敬的行为。绝对的个人主义已经不复存在了。难怪我们总觉得自己已经失去独立性，如果思想和行为与他人出现差异时，心里就会感到很不舒服。

事实上，每个人还是希望自己能独一无二地生活。分类的压力、认同的压力并不能阻止人们在内心深处渴望与他人不同。而这种渴望一旦通过外在表现挣脱出来，我们也就有机会躺进精神病医生办公室里的长椅、住进精神病院、沉迷于酒色和毒品。但是这样就永远也无法找回迷失的自我了。

比如，在一个男人看来，最让他们感到滑稽可笑的就是见到一个老女人穿着紧绷绷的少妇装束、染着一头假发、蹬着3英寸的高跟鞋、戴上瞒不过任何人的假乳招摇过市了。在那些看上去令人感到悲哀的景象当中，拒不接受成熟的女人可能是最可悲的了，她固执地相信女人的魅力全在于年龄，只要肯努力，没有人会知道她的年龄已超过39岁。看到这样的女人扭捏作态，以早已失去的性感魅力向男人献殷勤，真叫人不寒而栗。

不仅于此，有的看起来文静谦逊的女孩突发奇想，自以为可以借着超出常规的怪诞举动来显示其不拘小节的魅力。其实恰恰相反，男人可没有那么笨，他们知道怎么判断，分得清泥刀和手锯。许多表面上很聪慧的女人，都不成熟地相信，女人可以通过"偶尔改变性格"——装扮，把男人弄得神魂颠倒。殊不知，结果却往往是将男人吓得避之唯恐不及。

　　本性难移，上帝赐予我们现在的性格有什么不好？我们只需剥去伪装，让它重见天日。我们可以发挥自身的特性，做真实的自己，戒除导致自己不吸引人的那些缺点，就可以使自我达到最佳状态。任何人都应该努力做到这一点，不管男人还是女人。

第六章 自己的情绪自己掌握，自己的命运自己主宰

我为人人，人人为我

美国作家海伦·凯勒说："我发现生活是令人激动的事情，尤其是为别人活着时。"不要问别人为你做了什么，而要问你为别人做了什么。在中国人的字典里，"人"的结构就是相互支撑，"众"人的事业需要每个人的参与。

关怀别人是天真做人中一个不可或缺的关键。

然而环顾我们的周围，有多少人穷其一生，只知道一味要求别人的关怀与爱，而不知反求诸己。

当然，这些人到头来终究无法遂愿。试想别人为什么要关怀你，他们真正关心的是他们自己的问题——而且无时无刻不是如此。

纽约电话公司曾做过一项统计，想找出在人们通话中使用频率最高的那些字。结果是"我"字，在500个取样的电话录音中，单单是"我"这个字，就被用了3990次之多。

当你拿起一些你和其他人合照的照片时，你第一个看的是谁？

如果你认为别人真关心你的事，那么请回答这个问题：如果你今晚病逝，将有哪些人会立即赶来吊唁？如果你不先付出对别人的关怀，别人又怎么能关怀你呢？

已故的维也纳心理学家爱佛瑞·艾德纳，在其著的《人生真义》一书中曾说："只有不懂得关怀别人的人，其生活才会面临真正的痛苦，甚至伤及他人。人类之所以充满失败，正是由这些人所造成的。"

只要我们肯表现出真正的关心与爱戴，即使最忙碌的人，也会忙里抽空，帮我们解决问题。

任何一个人，屠夫也好，国王也好，谁都愿意受到别人的推崇、爱戴。

第一次大战结束后，德国威廉二世因惨遭战败，而广受举国上下之厌恶、唾弃。正当万念俱灰，意欲亡命荷兰时，却收到了一名纯稚少年的来信，并在信中表示："不论他人作何想法，我永远敬爱你的伟大。"

威廉感动之余，忙发函要求与此少年亲见一面，并因而娶了该少年的母亲为妻。

如果我们真想交朋友，就该摒弃自我因素，全心全意去为别人做些事情。有一个深谙此道理的人，常常设法对别人付出关怀，他一直想查出一些好友的生日，为了不被对方察觉出他的动机，经常都是拿占星术做幌子，装要替对方算命，以套出其生日日期，并趁对方不注意时，将其出生年月日记在笔记本上，回家后再记录到另一个本子上。然后每年都按着日期，寄上贺卡和电报，这种关怀常常使他们感激不已。

每一个人都有"希望自己被别人关心"的欲求。例如，薪水本来是由银行来代为转账，不由老板交到职员手中的，但是如果是为职员着想，老板最好亲自一边说着："你总是这么努力，真感谢你！"一边把薪水亲自交到每个人的手中。因为即使是这么简单的一件事，职员也能提高被关怀的感受。

有一个公司的管理者，每月都在每个职员薪水袋中放入自己亲笔所写的慰劳便条。因为常出差，所以很少有机会和职员相处，而想到用这种方法作为沟通的手段。

"这个月时常加班，辛苦你了，因为你的努力，才会有如此好的成绩，假日时请在家中好好休养。"

"听说你的儿子获得了少年体操比赛的好名次，真是了不起的孩子，一定会有出息的。"

在薪水袋中增加这样的留言，职员会怎么想呢？应该会感激——"啊！老板总是那么关心我的事情呢！"

这种天真生活中的人性关怀，会衍生出良好的人际关系，而这合为一体的瞬间，会产生好几倍的强大力量，这种力量就能招来成功。

 情绪驿站
QINGXUYIZHAN

早在耶稣基督诞生前100年，就曾有一名罗马诗人说过："只有付出我们的关怀，别人才有可能反过来关怀我们。"也就是说，若想人人为我，必先我为人人！而在你为别人真诚付出后，你才会发现，你的收获要远远比你的付出多得多。

让一部分人满意就足够了

当你做出一些成绩时，总会迎来两面性的评价。一种评价可以让你更加振奋，而另外一种评价则会让你灰心。每个人对待事物都会有个人的感觉，都会根据自己的想法来看待世界。所以，不要试图让所有的人都对你满意，否则你将永远也得不到快乐。一千个人心中有一千个哈姆雷特，一万个人心中有一万个完美的维纳斯。也就是说，不同的人对待同一个事情会有不同的看法，别人指责的地方，说不定到了另外的人眼中反倒成了经典。所以不管做什么，只要使一部分人满意就够了，因为在有些人看来丑恶的东西，另一些人却认为是美好的。

无论做任何事，你不能使每个人都满意，不能苛求得到所有人的掌声。因为每个人都有自己看问题的标准和角度。为了获得别人的支持，你可以尽量迁就别人的要求，但是你不能期望每个人对你都满意。不管你正在做什么，打算怎么做，总有人对你表示失望。如果非要顾及每个人的感觉、看法，只能造成你的失败。在涉及你自己追求的目标和做事方式等问题上，你不必太在意别人的看法。在追求成功的过程中，要学会相信你自己。

其实，我们周围的世界是错综复杂的，我们所面对的人和事总是多方面、多角度、多层次的。我们每个人都生活在自己所感知的经验现实中，别人不可能完全反映你的本来面目和完整形象。对你来说，别人对你的反映或许是多棱镜，甚至有可能是让你扭曲变形的哈哈镜，你怎么能期望让人人都满意呢？

现实生活中，我们也常常遇见类似的事情。无论你付出了多大的努力，即便你做得近乎完美，就算你在奥运会上拿了金牌，就算你已经是世界级的明星了，也会有人不喜欢你，还会有人向你发出嘘声，甚至扔臭鸡蛋。因为每个人都有自己的喜好、自己的想法和观点，你不能强求他们保持统一的思想。就像你做了一件善事，引起身边同事们的注意时，会听到各种截然不同的评论：张三说你做得好，大公无私；李四说你野心勃勃，一心想往上爬；上司赞你有爱心，值得表扬；下属则说你在做个人宣传……总之，各种各样的议论都会出现。

人生在世，最大的困扰就是沉迷在别人的看法中，顾及所有人的感受，期望得到所有人的认可，让自己感到无所适从。要知道完美的东西就像是海市蜃楼般虚无而缥缈。我们本来就无法做到尽善尽美、尽如人意，所以我们做事但求无愧于心就行了。

情绪驿站
QINGXUYIZHAN

前方永远是未知的，总得有人去尝试。所以当你下定决心去尝试时，千万不要抱着所有人都支持你，所有人都满意你的想法，因为那样只会给你增加更多的心理负担。我们去尝试一件很多人都认为不可能的探索时，永远得记住一句话——让一部分人满意就足够了。

轻松是一件挺容易的事

学会以最简单的方式生活，不要让复杂的思想破坏生活的甜美。

一个女孩子莫名其妙地被老板炒了鱿鱼。老板吩咐她下午去财务室结算工资。中午，她坐在公园的长椅上黯然神伤。这时，她看见一个小孩子站在她身边一直不走，便奇怪地问："你站在这里干什么？"

"这条长椅背刚刚刷过油漆，我想看看你站起来背上是什么样子。"小家伙说。

女孩子怔了怔，然后，她笑了。

她恍然大悟：如同这双天真烂漫的眼睛想看到她背上的油漆一样，她昔日那些精明世故的同事也正怀着强烈的兴趣想要窥探她的落魄和失意。她决定不在丢失了工作的同时，也丢失了自己的笑容和尊严。

你可以想象得到，女孩子下午走进公司时，等待着看到她的落魄的同事，看到的将是怎样一副自信而灿烂的笑容。

在人性的丛林中，谨记在失意时，不要用哀伤的容颜表达自己的心情，这对改善噩运不会有任何好处，反而许多人会如同看到你背上的油漆一样幸灾乐祸。

人的一生当中不知道会遇到多少挫折和尴尬，生活中的失意处处可见，真的就像那些油漆未干的椅背。人只要行走于社会，一定不可避免会碰到它。如果有一天，或许是现在你不幸已经遇到了，那也别沮丧。站起来的时候，别让人看到你背后的油漆。

怎么才能让人看不到呢？很简单，将那件已经沾上油漆的外套脱下来，拿在手上。有时候，面对某些伤害，我们就得这么保护自己。如果你这么做了，你会发现让自己轻松其实是一件挺容易的事情。很多人过得不轻松是因为他们背负着太多难以洗去的油漆却不肯脱掉外套。这件外套上面不一定都是尴尬和挫折，上面更多的是人们对生活不安分的奢求。好像每个人都在追求一种简单安逸的生活，可是每个人正在做的事却与之背道而驰。很多时候我们不轻松是因为我们不敢轻松，我们把自己的生活搞得太复杂了，而轻松需要的是简单。

其实，每个人都可以生活得尽量悠闲、舒适，在过"简单生活"这一点上人人平等。这个时代，不是人人都必须像梭罗一样带上一把斧子走进森林，才能获得恬静安逸的感觉。关键是我们对待生活的方式，我们如何在日常生活中挖掘、发展生命的热情、真实和意义。

简单，是平息外部无休无止的喧嚣，回归内在自我的唯一途径。当我们为拥有一幢豪华别墅、一辆漂亮小汽车而加班加点地拼命工作，每天晚上在电视机前疲惫地倒下；或者是为了一次小小的提升，而默默忍受上司苛刻的指责，并一年到头赔尽笑脸；为了无休无止的约会，精心装扮，强颜欢笑，到头来回家面对的只是一个孤独苍白的自己的时候，我们真该问问自己干吗这样，它们真的那么重要吗？

 情绪驿站
QINGXUYIZHAN

事实上，只有真实的自我才能让人真正地容光焕发，当你只为内在的自己而活，而不在乎外在的虚荣，幸福感才会润泽你干枯的心灵，就如同雨露滋润干涸的土地。我们需求的越少，得到的自由越多，正如梭罗所说："大多数豪华的生活以及许多所谓舒适的生活，不仅不是必不可少的，反而是人类进步的障碍。"

简朴、单纯的生活有利于清除物质与生命本质之间的樊篱。为了认清它，我们必须从清除嘈杂声和琐事开始，认清我们生活中出现的一切，哪些是我们必须拥有的，哪些是必须丢弃的。当我们把该丢掉的东西统统丢掉时，我们就能轻易得到自己想要的那种轻松的生活了。

不能让潜意识拴住了手脚

生活中，当你对某件事情抱着百分之一百的信心，它最后就真会变成事实。的确如此，期望定律告诉我们，当我们怀着对某件事情非常强烈的期望时，我们所期望的事物就会出现。相反，当一个人的潜意识中压抑了过多的情绪负债，是无法吸引到诸如财富、爱情和幸福等美好的东西的。因为当意识和潜意识斗争时——胜利的永远是潜意识。这是我们已经或将要为成功所付出的不可预估的代价。

几年前，非洲的一个野生动物园里发生了一场大火，损失惨重。在清理现场时，工作人员惊奇地发现，两只大象被活活烧死。就在距离大象五十米开外的地方就是一条浅浅的小溪，只要越过小溪就可保全性命。不可思议的是，大象被烧死的地方就是它们长期生活的地方，大象似乎没有挪动半步。其他动物都跑了，大象为什么不逃生呢？

原来出生不久的小象都很淘气，一刻也不停息地四处乱跑。工作人员会在它的腿上拴上一根铁链，开始小象对这根铁链很不习惯，于是，它用力去挣脱，发现铁链很结实，很难挣脱。它开始一次又一次地挣扎，一直到腿被铁链磨得鲜血淋漓，发现还是无法挣脱，只是给自己增添疼痛而已。反复挣扎了多次以后，无奈的小象屈服了，认输了，也习惯了这个铁链。此时，小象已经长成了大象，工作人员为了方便，会把铁链换成麻绳。以大象的力气，挣断一根麻绳简直易如反掌，可是大象不会这么做。因为它认为那根"铁链"坚不可摧，这个强烈的心理暗示早已深深地植入记忆中了。因此，当大火发生时，大象的潜意识告诉它，不可能挣脱，也无法逃脱，直至烧死，哪怕束缚它的"铁链"早已烧成灰烬。

一条麻绳可以拴住一头大象。相同的道理，很多人失败也是因为多次的失败经历所形成的固有思维，也就是潜意识拴住了他，是潜意识摧毁了他们的自信心，使他们最终放弃了努力。

日本科学家做过一个实验，把五只跳蚤放在一个有色玻璃瓶里，在瓶口盖上一块无色的玻璃。只见那几只跳蚤此起彼伏，开始使劲地跳，想跳出束缚它们的玻璃瓶。可是它们不知道，瓶口有玻璃片阻挡着它们的出路。于是它们一次又一次地跳，一次又一次地被玻璃片无情地弹回去。一天下来，五只跳蚤被玻璃片撞得疼痛难忍。第二天，体力完全恢复，它们开始了新一轮的跳跃，还是无法逃脱。第三天，它们已经遍体鳞伤，依旧没有放弃对自由的向往，开始向瓶口发起冲击，但气势明显有所下降。六天后，这五只跳蚤偶尔也会跳，但大部分时间已经在瓶底蜷伏。更让人意想不到的是，七天以后，当科学家抽走瓶口的玻璃片时，没有一只跳蚤能跳出玻璃瓶，最多只能跳到和瓶口相同的高度。

跳蚤的弹跳能力是非常强的，它们能跳一米多的高度。为什么短短七天之后，它们不太愿意跳，就算跳了，连一个二十厘米不到的玻璃瓶也跳不出呢？还是潜意识，是潜意识摧毁了它们的自信心，于是在跳蚤的思想中，玻璃片成了不可逾越的障碍，玻璃片成了无法超越的高度。

情绪驿站 QINGXUYIZHAN

我们每个人在前行的道路上，难免遇到很多困难。由于种种因素的限制，有些困难、挫折、障碍我们可能一时无法跨越，但这不能说明就永远无法跨越。当我们通过提升自己或客观因素发生变化时，当初无法达成的事情可能会轻易实现。所以，不要给心灵有任何负面的暗示，不要放弃前行，即使摔倒多次，也要顽强地爬起来，告诉自己："我能，我行，我可以！"

必须运用自己自由选择的权利

　　是否真的有命运之神存在？我们的命运真的掌握在她的手中吗？是的，我们的命运的确掌握在命运之神的手中，只不过这个命运之神是我们自己。

　　一个名叫热佛尔的黑人青年，他在很差的环境——底特律的贫民区里长大。他的童年缺乏爱抚和指导，跟别的坏孩子学会了逃学、破坏财物和吸毒。

　　他刚满12岁就因为抢劫一家商店被逮捕了；15岁时因为企图撬开办公室里的保险箱再次被捕；后来，又因为参与对邻近的一家酒吧的武装打劫，他作为成年犯被第三次送入监狱。

　　一天，监狱里一个年老的无期徒刑犯看到他在打垒球，便对他说："你是有能力的，你有机会做些你自己的事，不要自暴自弃！"

　　年轻人反复思索老囚犯的这席话，做出了决定。虽然他还在监狱里，但他突然意识到他具有一个囚犯能拥有的最大自由：他能够选择出狱之后干什么，他能够选择不再成为恶棍，他能够选择重新做人，当一个垒球手。

　　5年后，这个年轻人成了全明星赛中底特律老虎队的队员。底特律垒球队当时的领队马丁在友谊比赛时访问过监狱，由于他的努力使热佛尔假释出狱。不到一年，热佛尔就成了垒球队的主力队员。

　　这个青年人尽管曾陷于生活的最底层，尽管曾是被关进监狱的囚犯，然而，他认识到了真正的自由，这种自由是人人都有的，它存在于自由选择的绝对权利之中。我们所有的人都有这种权利。

热佛尔也可以推脱说："现在我在监狱里，我无法选择，我能选择什么呢？"但他说的是："我能够做出决定。"

这种自由选择的权利是你我作为自己生活的主宰所拥有的最有力的工具。这种权利是区别人和动物以及其他存在物的根本特征。

情绪驿站
QINGXUYIZHAN

世界上许多人说生活无法选择，根本就不存在什么个性自由。他们认为决定人的行为的只是机遇，这种说法是比较偏激的。国际著名的精神病学家富兰克在第二次世界大战时曾被关进德国集中营。他研究了自己的思想，在与别人交谈以后，他得出结论说："只有一种东西是不可剥夺的：那就是人类的自由，在任何情况下选择自己态度的自由，选择自己独特的行为方式的自由。"

因此，我们看到自己有选择权，我们能够选择。大多数人的问题是不想选择，因为我们一旦做出选择，便要承担责任。正因为如此，有些人一碰到自己做出的决定是错误的时候就去责备别人，或者推诿拖拉再也不肯做出决策了。然而，为了谋取生活的成功，我们必须做出自己独立的选择。我们必须运用自己自由选择的权利。作为自己生活的主宰，我们每天、每个小时都可做出自由的选择。

你可以轻视自己，也可以诚实地对待自己；你可以觉得自己是人微言轻的无名之辈，也可以心灵充实；你可以整天自寻烦恼、牢骚满腹，也可以心平气和地应付一切；你可以办事拖拉，也可以马上就做；你可以对生活悲观失望以至逃避，也可以充满信心地投入行动；处世为人你可以选择善良，也可以选择罪恶；你可以忠于职守，也可以逃避责任；你可以毁坏一切，也可以奋起建设新生活。总之，你必须做出选择。

只有输得起才能笑到最后

成功像是一场赌博，谁都想去玩，也都想赢，但是因为怕输，很多人不敢玩。其实谁都不可能永远是赢家，或者永远是输家。人生本来就是一条崎岖的路，难免会有波折。我们应该知道成功本来就是用失败换来的，在我们面临着各种风险与挑战的同时，也隐藏着各种机遇。古人说"胜败乃兵家常事"，只有经得起失败打击的人，才能历练出获得成功的本领。经过失败，我们看到了自己的不足和缺点，加以改正以后，才能站得更高，看得更远。心理学家也认为，人们要想获得成功，首先必须具备不怕输的品质，要学会认输。一时的得失并不能决定人生真正的成败，真正的胜利者是笑到最后的人。所以只有你输得起，才会为下一次的成功积蓄力量和信心，成为笑到最后的人。

和玩牌一个道理，有时候你越是怕输，你就越是会输，因为你怕输没有了自信心、没有了平常心，所以输得越厉害。其实输赢也不过是人生的常态，我们应该把输看轻、看淡，去总结经验教训，避免以后重蹈覆辙。通往成功的大道上会遇到许多"绊脚石"，但只要正确对待，不气馁、持之以恒、始终坚定如一，成功就会有希望的。这也是"失败是成功之母"的内涵！学会认输，承认挫折，不仅能平息烦恼，也教会了我们"放下"的智慧。

美国人心目中的英雄——米契尔，一个在46岁的时候，被烧得体无完肤，不成人形，在51岁时，因一次坠机事故后腰部以下全部瘫痪，却

还是通过自己的努力成了一位百万富翁，成为一位受人爱戴的演说家、企业家，还成为美国坐在轮椅上的国会议员，不仅拿到了公共行政硕士学位，而且还持续他的飞行活动、环保运动及公共演说。米契尔说过："我完全可以掌控我自己的人生之船，掌控船的浮沉，我可以选择把目前的状况看成倒退或是一个起点。"

一个人的一生中如果遇到一次灾难，也许还可以挺过去，但是接连的打击就很可能会把一个人的心灵防线彻底击败。但是米契尔却是一个奇迹，他仍不屈不挠，努力使自己做到最大限度上的独立自主。他说过："我无法逃避现实，就必须乐观地接受现实，这其中肯定隐藏着好的事情。我身体不能行动，但我的大脑是健全的，我还有可以帮助别人的一张嘴。"之后，他当选过镇长，也竞选过国会议员，他用一句"不只是有一张小白脸"的口号，将自己因植皮而变得像调色板一样的脸转化成了一个对自己有利的条件。

米契尔从来没有抱怨过人生多么不公平，相反，他非常热爱生活。虽然面貌骇人，但他仍然爱上了他的护理——一位漂亮的金发女郎，然后不顾一切地向其展开了热烈的追求，他勇敢地向那位金发女郎求爱。两年之后，那位金发女郎嫁给了他。

米契尔说过："我瘫痪之前可以做1万件事，现在我只能做9千件，我可以把注意力放在我无法再做的1千件事上，也可以把目光放在我还能做的9千件事上，告诉大家我的人生曾遭受过两次重大的挫折，如果我能选择不把挫折拿来当成放弃努力的借口，那么，或许你们可以用一个新的角度来看待一些一直让你们裹足不前的经历。你可以退一步想开一点，然后，你就有机会说：'或许那也没什么大不了的！'"

米契尔是值得我们敬佩的。他从不幸中站起来，拥有宽阔的胸怀和优良的心理素质。米契尔面对灾难的姿态，让我们这些身体健全的人自

愧不如。命运对米契尔开了太大的玩笑，但是命运又是公平的，给了米契尔残缺的身体，也让他拥有了常人没有的坚强的意志和不倒的信念，米契尔用他不平凡的一生告诉了世人，什么叫"只有输得起才能赢得起"。

古今中外的无数事例证明，成功的路是艰难的。如果一个人成功的机会是万分之一，要想抓住这万分之一的机会，就必须要有积极乐观的人生态度。

 情绪驿站
QINGXUYIZHAN

每个人的一生中，随时都会碰上湍流险境，如果我们低下头来，看到的只会是险恶与绝望，于是我们在眩晕之中丧失了斗志，使自己堕入失败的深渊。但如果我们能抬起头，看到的则是一片辽远的天空，充满了希望，我们便有信心去构筑出一个属于自己的成功的天堂。

人生就是这样，有成功，也有失败。不用在意一时的成败，当你经得住挫折，有了"宁可一千次跌倒，一千零一次爬起来，也不向失败低一次头"的精神，你才能走向成功。